シリーズ「遺跡を学ぶ」

039

武田軍団を支えた甲州金

湯之奥金山

谷口一夫

新泉社

武田軍団を支えた
甲州金
―湯之奥金山―
谷口一夫
【目次】

第1章　「武田の隠し金山」解明へ……4
1　伝承のなかの金山……4
2　山中の過酷な発掘調査……7
3　姿をあらわした湯之奥三金山……12
第2章　金山遺構の全貌……18
1　金山沢の一二四のテラス……18
2　中山金山の心臓部、精錬場跡……21
3　特徴あるテラス……32
4　地位ある人もいた生活の場……35

第3章　湯之奥金山の「金」……42
1　山金山の産金法……42
2　湯之奥型の鉱山臼……51
3　陶磁器にみる湯之奥金山の盛衰……58
4　金山の暮らしの痕跡……62

第4章　武田氏の興亡と金山の盛衰……64
1　金鉱脈と金山衆……64
2　戦国期・武田氏の諸金山……67
3　文書にみる湯之奥金山の盛衰……79

第5章　甲州で誕生した貨幣制度……87

第1章　「武田の隠し金山」解明へ

1　伝承のなかの金山

山梨県、静岡県を流れ下り、太平洋へとそそぐ日本三大急流の一つ富士川。この富士川右岸を国道五二号線が南北に走る（図1）。戦国期には、武田家の重臣として活躍した穴山信友《あなやまのぶとも》・信君《のぶただ》（梅雪《ばいせつ》）・勝千代《かつちよ》の三代が治めた河内領《かわうち》（富士川流域）を縦貫していたため、河内路とよばれた。

またこの道は、日蓮宗総本山の身延山久遠寺《みのぶさんくおんじ》詣での道として「みのぶ道」ともよばれ、また富士川左岸の道を東河内路とよんだことから、西河内路ともいう。現在では「富士川街道」（みのぶ道）の標識が立つ。

この国道五二号線の山梨県身延町杉山から、身延山久遠寺へ登る山道がある。その杉山から富士川をはさみ東方に蝙蝠山《こうもりやま》の威容が展望できる（図2）。古くから「武田の隠し金山」と伝

図１ ●湯之奥金山の位置
「しもべの湯治場」（下部温泉郷）の奥にある。戦国時代には武田家家臣穴山氏が治めた河内領に属していた。河内領内には金山が多く、湯之奥金山のほかに、常葉、栃代、川尻や早川入りの諸金山があった。

承されてきた湯之奥金山は、この蝙蝠山の山懐に包み込まれている。

別の角度から航空写真でみると図3の景観となる。金山は山腹の斜面にみられ、いずれも標高は高い。その沢下の谷間には湯之奥《ゆのおく》集落がたたずむ。湯之奥金山は、この中山金山《なかやまきんざん》、内山金山《うちやまきんざん》、茅小屋金山《かやごやきんざん》の三つの金山の総称で、山梨県南巨摩郡身延町湯之奥（旧西八代《やつしろ》郡下《しも》部《べ》町湯之奥）に位置する。

湯之奥とは、中世の穴山氏文書にも頻繁に登場する集落。「湯」の「奥」の地名が示すように、古い歴史をもつ「しもべの湯治場」（下部温泉郷）が前提となった集落である。

この集落へは、現在でも南東側に位置する静岡県富士宮市猪之頭《いのがしら》との間に湯之奥～猪之頭線という林道がつづくが、江戸時代の一八三八年（天保九）につくられた湯之奥村絵図にも、「駿州猪之頭」の文字が大きく書かれ

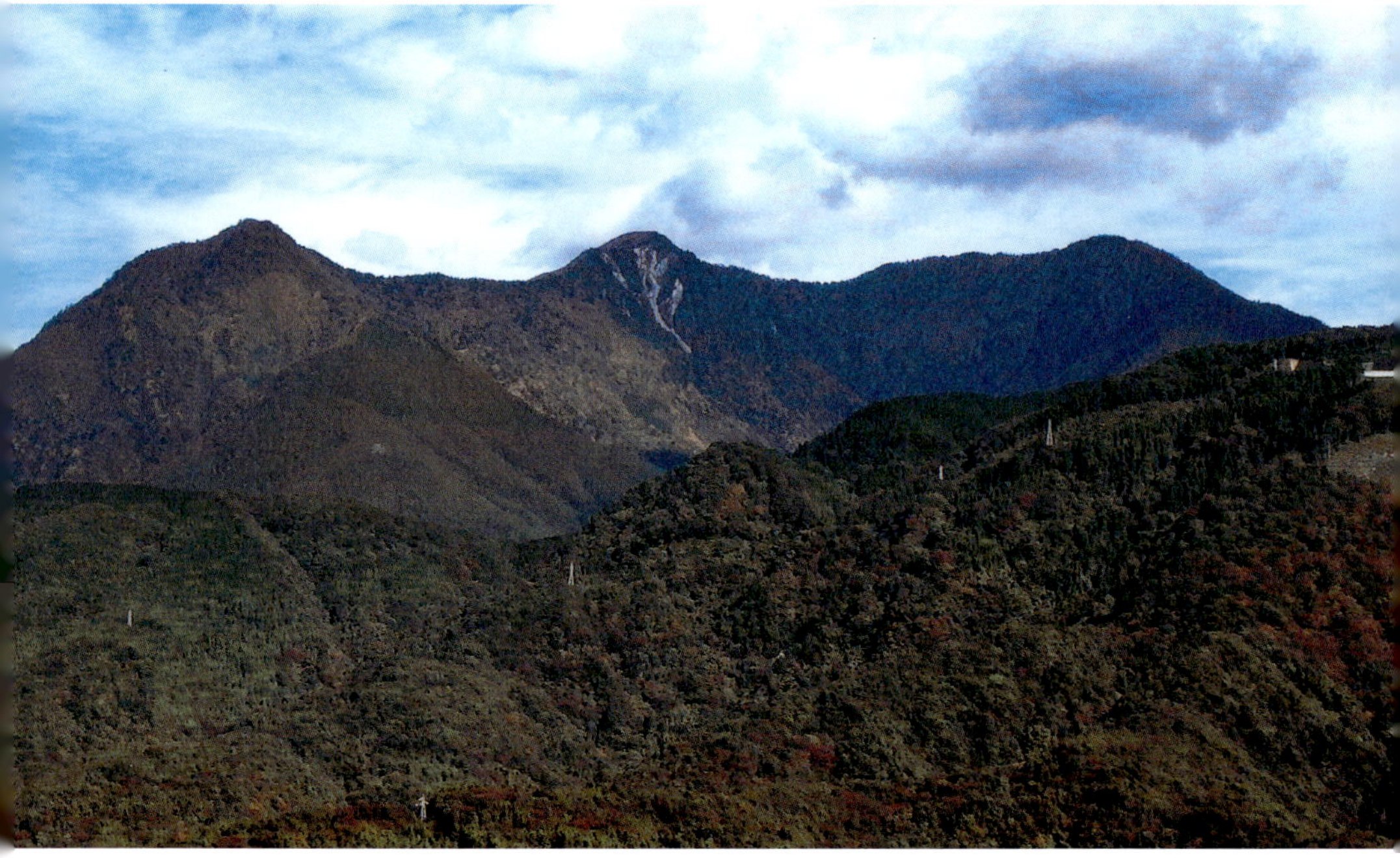

図 2 ● 蝙蝠山に包み込まれた湯之奥金山
身延山久遠寺への山道・杉山から、富士川をはさんで対岸にみられる湯之奥金山の全景。中央の山頂付近にみえるガレ場の筋が、図 3 では内山金山の左側にあたる。

ており、駿河とのつながりを色濃く残す土地でもある。

2　山中の過酷な発掘調査

伝承にメスを入れる

一九八九年、下部町（二〇〇五年の合併で南巨摩郡「身延町」）は「ふるさと創生事業」として、湯之奥金山遺跡学術調査会・同調査団を結成し、一九八九〜九一年の三カ年にわたり、湯之奥金山遺跡の学際的総合調査を実施した（調査の中心は湯之奥三金山のなかの中山金山）。

目的は、伝承のなかで曖昧模糊としていた金山の歴史像を科学的に明らかにし、ほぼ当時のまま残されている遺跡を完全な姿で保存し、かつその文化遺産を教育や観光資源として地域活性化に活用しようとするものであっ

図３ ● 湯之奥金山の全容
中山金山、内山金山、茅小屋金山の３金山からなる。麓には国重要文化財の門西家住宅がある。背景に富士山をいただく素晴らしい歴史的景観を呈す。

た。具体的には、①湯之奥金山遺跡の規模と形態の究明、②湯之奥金山の鉱山町としてのあり方、日常生活、経営年代の追求、③金山経営の技術史的役割の分析、④金山経営を支えた人びとの歴史、生活、信仰の調査、④日本鉱山史上における湯之奥金山の位置の究明であった。

テント生活の発掘調査

とはいっても、現地は標高一五〇〇メートルを超える急峻な山岳地帯であり、過去、だれも経験したことがない発掘調査への挑戦だった。そのため準備段階から課題が多かった。

発掘器材の運搬ひとつとっても、標高一五〇〇メートルの現地まで上げるには、ヘリコプター、ケーブル、キャタピラ車、人力のいずれが可能かという議論からはじまった。検討した結果、キャタピラ車で行けるところまで行き、後は人力で上げることとなった。

しかし、登山道入口から現場まで登山に要する時間は健脚者で約一時間、荷物が重いとその倍はかかる。はたして毎日通って発掘調査することが可能なんだろうか。そこで最終的には現地へテントを設営し、野営することを決断した。二泊三日山で作業したら下山し、調査団本部がおかれた下部温泉（いしもと）で一日休養、翌日ふたたび登山という計画が練られた。実際には山での生活が多くなった。

この間の課題は、その山中での発掘調査体制の構築だった。調査にあたっては多くの大学や研究機関に所属する研究者、学識経験者ら総勢七一名に、考古・文献・民俗・地理地質・鉱山技術・石造物など各分野の学際的調査として応援していただいた。調査会のもとに結成された調査団長は帝京大学山梨文化財研究所長だった筆者が務め、萩原三雄（当時研究部長・現所長）が統括、考古班は十菱駿武山梨学院大学教授が担当、山に籠もったメンバーは研究所の宮沢公雄、櫛原功一、平野修各考古室長であった。彼らの指導のもと山梨学院大学、東京大学、信州大学など数大学の学生が中心となり、山中での発掘調査に挑戦した（図4）。

学術総合調査の試み

こうして考古班は、中山金山の精錬場《せいれんば》跡や「大名屋敷跡」「女郎《じょろう》屋敷跡」と伝承されている場所から発掘調査に着手した。さらに主要テラスの試掘と測量調査を実施し、個々のテラスの性格や構造、その実態把握につとめた。また鉱石採掘域の調査から、採鉱のあり方、鉱山技術の水準や変遷の解明につとめた。そして航空測量と地上測量もおこなって、鉱石採掘域と金山沢をはさんだ中山金山遺跡のテラス域の全貌を把握したのである（19ページ、図13参照）。

図4 ● 山中での発掘調査
標高1500mの現地に設営されたテント村。

さらにこの総合調査では、文献（古文書）班、民俗班、地質班、鉱山技術史班、陶磁器班、石造物班の各班が、それぞれの研究手法で湯之奥金山の全容解明にあたった。

文献（古文書）班は、金山経営に深いかかわりを有すると指摘されてきた湯之奥の門西家《もんざい》をはじめ、湯之奥区、下部区、また静岡県富士宮市麓地区の竹川家に伝わる文書、甲斐国誌、静岡県史料、判物証文写など広汎な史料の収集と分析にあたり、戦国期金山経営の実態把握、金山衆の性格など多岐にわたり解明につとめ、湯之奥金山関連年表（80ページ、図61参照）を作成した。

民俗班は、湯之奥集落を中心に綿密な民俗学調査を実施、また富士宮市麓地区の竹川家などへも足をのばした。産金にかかわる民具である門西家に残されたセリ板、フネなどの金山関係資料の検討も重ねた（図5）。

民俗調査では、金山の実態が途絶えてから長い空白期があり、当初期待していた金山伝承はほとんど絶たれていた。その厳しい条件のなかで、下部町、富士（麓）地区に伝わる「金山衆」「金山下り」の伝承をもつ家まで

〔フネ〕

〔セリ板〕

図 5 ● フネとセリ板

フネ 2 基、セリ板 11 枚が門西家から発見された。使い方は「金沢御山大盛之図」（岩手県）が参考となった。47 ページ、図 36 参照。

追いつづけた。

地質班と鉱山技術史班は、中山金山遺跡の立地、環境、鉱床・鉱石（図6）などの調査をおこない、「露天掘り」採掘域や、鉱脈を追って掘った「ひ押し掘り」跡を含めた坑道調査によって、中山金山における鉱山技術の解明につとめた。

陶磁器班は、中山金山遺跡のテラスの発掘調査で得られた出土陶磁器を分析、考古資料からの操業年代把握や金山衆の生活レベルの解明につとめた。採集された陶磁器資料は、一五世紀前半〜一六世紀代の中国白磁・磁器、一六世紀〜一七世紀代の瀬戸・美濃、一七世紀〜一八世紀代の肥前の陶磁器などの破片一二〇〇点余におよんだ（59ページ、図45参照）。

石造物班は、中山金山遺跡内に所在する石造物の分布調査と実測調査を実施し、一覧表（41ページ、図30参照）にまとめた。これらの石造物は当時、鉱山で暮らした人びとの信仰や足跡をいまに伝えている（図7）。

こうした多面的な学術総合調査によって、湯之奥金山

図6 ● **湯之奥金山の金鉱石**
左から、川尻、内山（磁硫鉱石）、中山、中山（石英結晶）、内山金山の鉱石。

の実態と歴史的意義が明らかになり、一九九二年には湯之奥金山遺跡学術調査報告書である『湯之奥金山遺跡の研究』が刊行・公開された。

さらに、一九九七年四月二四日に湯之奥金山遺跡のガイダンス館として町立の甲斐黄金村・湯之奥金山博物館（開館時は資料館）が開館。そして同年九月に、甲斐金山《かいきんざん》遺跡「黒川金山・中山金山」として、湯之奥金山遺跡の中核をなす中山金山は国指定史跡となったのである。

図7 ● 山中にたたずむ石造物
中山に10基（1658年〜）、茅小屋に10基（1654年〜）、内山に2基（1661年〜）みられる。写真は茅小屋のお題目塔。

3 姿をあらわした湯之奥三金山

中山金山

三つの金山の中核は中山金山である（図8）。毛無山《けなしやま》（標高一九六四メートル）から西へのびる中山の尾根上、標高一六五〇〜一四八〇メートルの位置に、金鉱石を露天掘りした採掘跡が七七カ所、その尾根の南斜面には「ひ押し掘り」跡と、鉱脈をさがしもとめて掘った「問掘

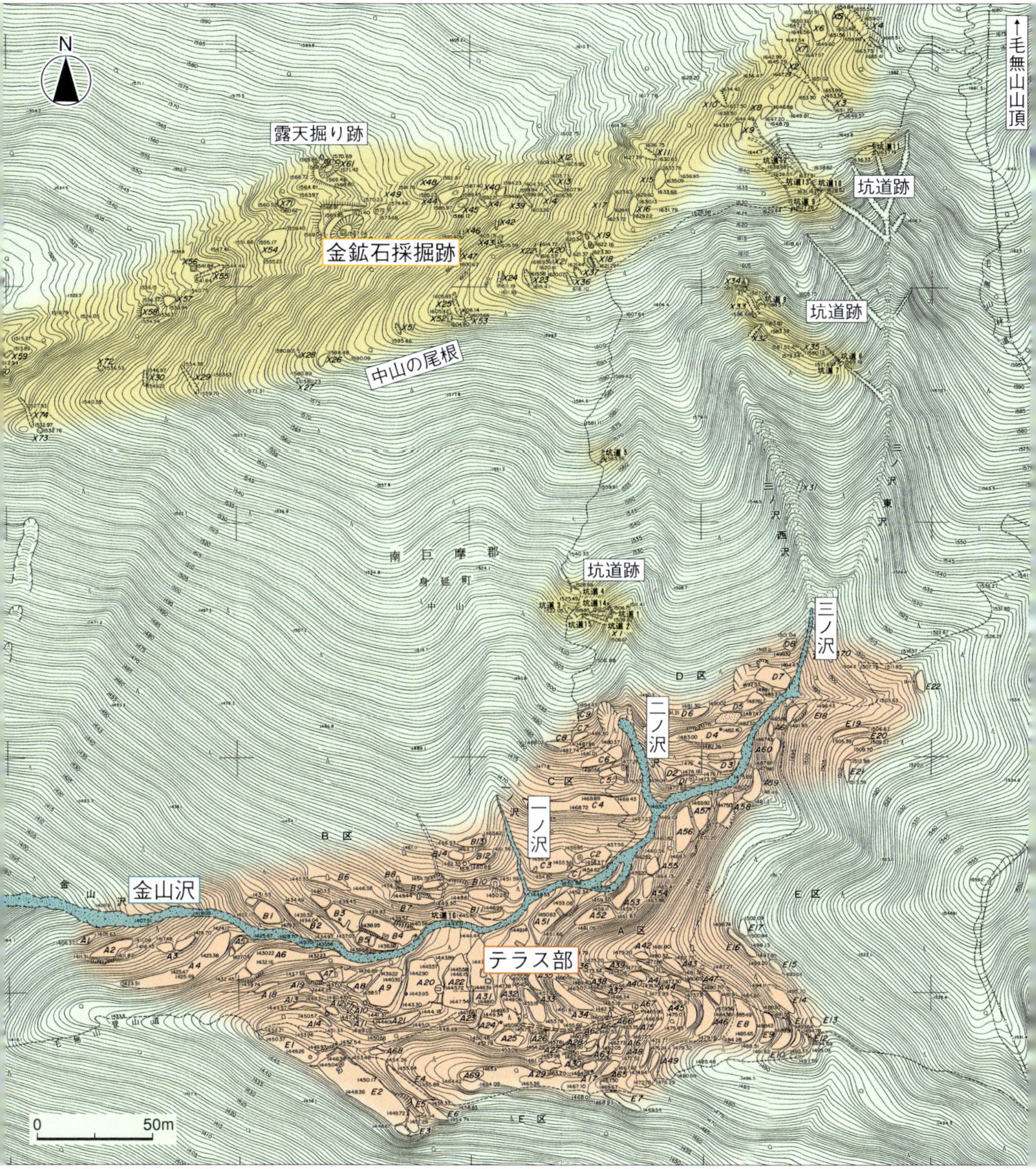

図８ ● 中山金山の全容
北側の中山の尾根上に露天掘りの採掘跡があり、南側の金山沢沿いに精錬作業域、生活域、墓域などの造成地（テラス）124カ所がみられる。

り跡」が合わせて一六本ある。

それから中山の尾根から標高差一五〇メートル下を流れる金山沢をはさみ、一二四カ所のテラスが両岸に展開している。

その中心部には精錬場とよばれる広いテラスが残されている（図9）。テラスはそれぞれ精錬作業域や居住域、墓域などの用途に分かれており、いずれも人為的に造成されていた、中山村の全貌だ（19ページ、図13参照）。

また、鉱石から金をとりだすために粉状にする「粉成《こなし》」の鉱山道具である「挽《ひ》き臼《うす》」が、必ずしも中央の精錬場跡に集中することなく広域的に分散しており、テラスの各所において同じ精錬作業がおこなわれていた状況が明らかとなった。これはまだ分業体制が確立されていなかった当時の面影を強く残すもので、鉱山技術史上でも初源期の山金山《やまきんざん》遺跡として注目される。

図9 ● 中山金山の中心的なテラス
中央に精錬場跡を残すが、粉成作業の「挽き臼」は広域的に分布する。初源期の様相を色濃く残している。

内山金山

内山金山は、中山金山と同時代の金山である。湯之奥集落に接し、下部川に合流する入ノ沢上流の通称「カネヤマ」の山頂、標高一三五〇メートルに位置する（図10）。

山金採掘の影響からか、ガレ場が多く、かつてあった道も崩落し、現在では近づくことができない。このガレは遠方からも観察でき、金山の位置が確認できるメルクマールにもなっている。

現場では露天掘り採掘域がみられ、こまかなズリも堆積している。二九カ所のテラスが南向きの尾根筋に数段と、

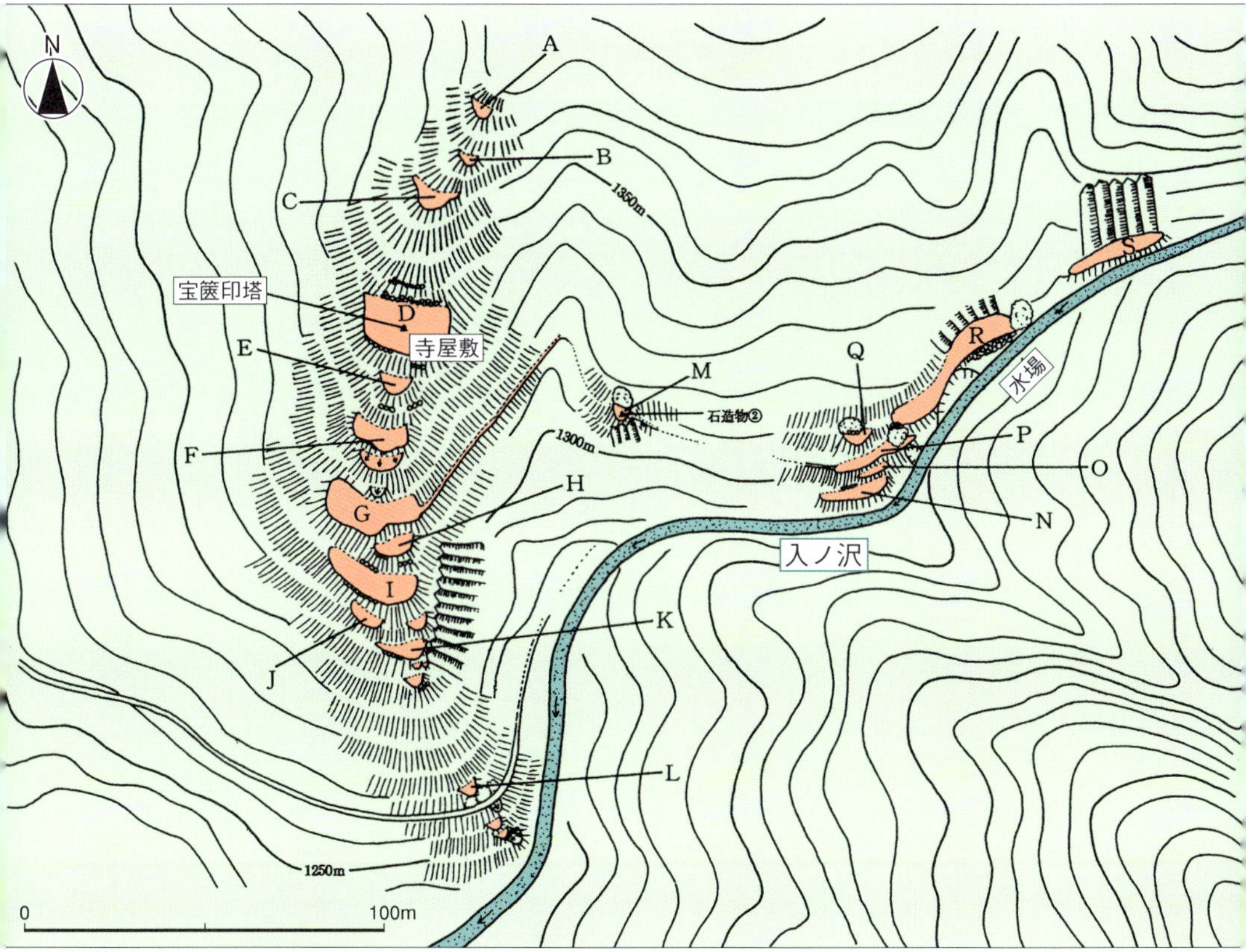

図 10 ● 内山金山のテラス部
入ノ沢上流の通称「カネヤマ」の山頂、標高 1350m に位置する。29カ所のテラスが南向きの尾根筋に数段と、入ノ沢の水場に沿ってみられる。各テラスからは鉱山用挽き臼や陶磁器が発見されている。

入ノ沢の水場に沿ってみられる。各テラスからは鉱山用挽き臼や陶磁器が発見されている。

かつて日蓮宗の宝金山《ほうきんざん》永《えい》久寺《きゅうじ》があったと伝えられる「寺屋敷」テラスには、寛文年間（一七世紀）の宝篋印《ほうきょういん》塔《とう》が残されており、また湯之奥型挽き臼や中国明代の染付《そめつけ》皿《ざら》などがみられる。

金山経営にあたっていた経営者を「金山衆《かなやましゅう》」とよぶが、内山金山の金山衆は貞享年間（一七世紀末）に金が産出できなくなったため山を下りている。これは中山金山と同じころになる。盛業期には内山

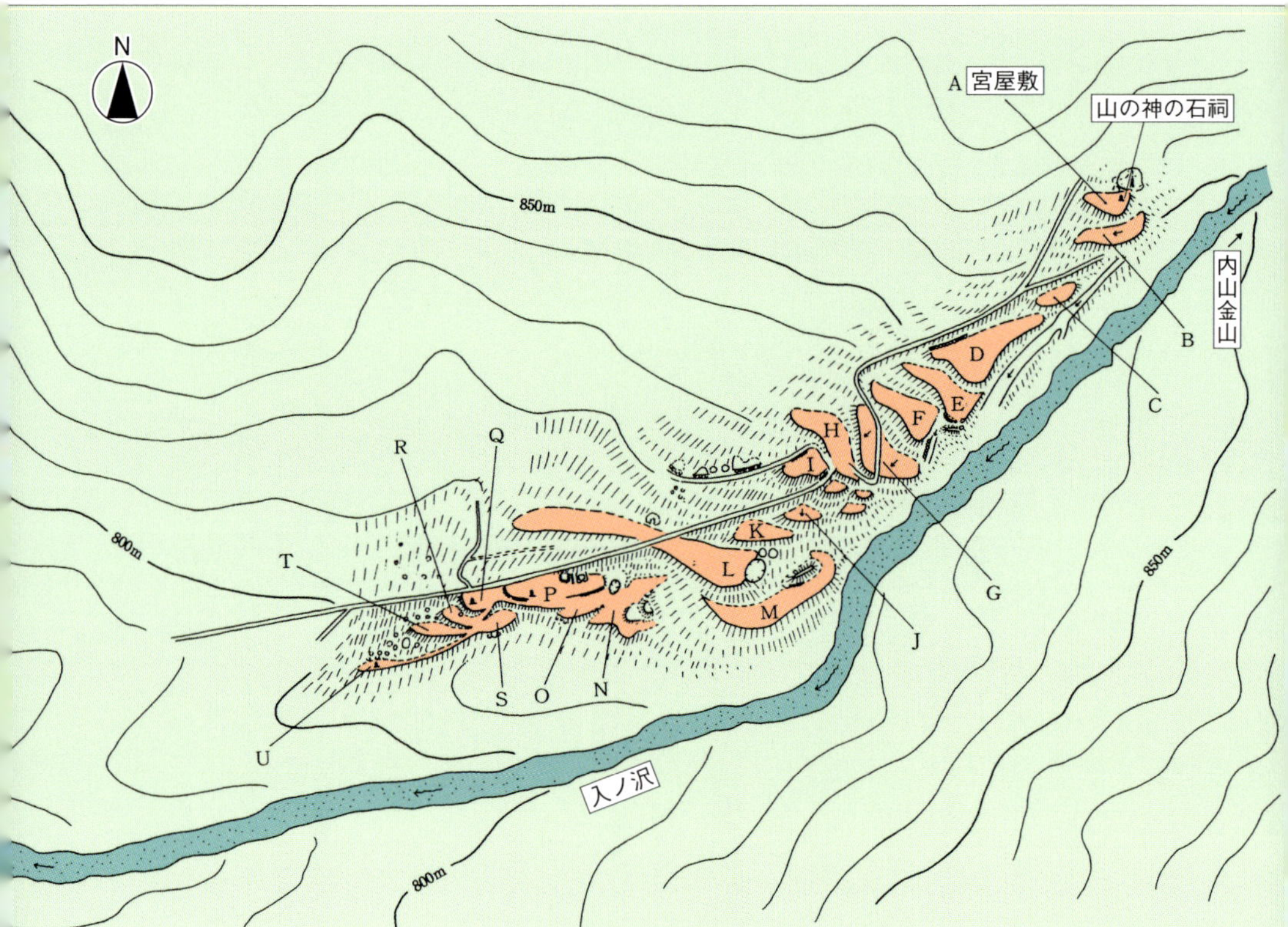

図 11 ● 茅小屋金山のテラス部
内山金山の下流、入ノ沢に沿った標高 850m 付近にあり、南西向きの沢筋に 28 カ所のテラスが確認できる。U、Q テラスには板碑型石塔、宝篋印塔など石造物 10 点が並ぶ。

村があったが、金山衆の退転にともない村は廃絶する。

茅小屋金山

茅小屋金山は、内山金山の下流、入ノ沢に沿った標高八五〇メートル付近にある。入ノ沢の南西向きの沢筋には、二八カ所のテラスが確認できる（図11）。一番上流域の「宮屋敷《みややしき》」テラスには、山の神の石祠《せきし》がある。またUテラスには一六五四年（承応三）の大田八左衛門銘の板《いた》碑《び》型石塔や、一六六〇年（万治三）の宝篋印塔が、またPテラス中央には一六六六年（寛文六）の板碑型石塔（図12）などの石造物一〇点が並ぶ。かつてあった茅小屋村も、一六八六年（貞享三）に内山金山と同様に金山衆は山を下り、金山操業は終焉、やがて村は廃絶する。

図 12 ● 1666 年（寛文 6）の板碑型石塔
茅小屋金山Ｐテラスの中央に立つ。正面中央には「南無妙法蓮華経、□母妙□霊」とある。

第2章　金山遺構の全貌

1　金山沢の一二四のテラス

テラス群の分布

前章で湯之奥三金山を概観してきたが、本章では、このうち発掘調査がおこなわれた中山金山の金山遺構をくわしく検討する。それでは、金山沢をはさんで展開する一二四カ所のテラスを、図13をみながら案内しよう。

筆者が最初にこのテラス群に立ったのは一九八八年のことだった。一時間あまりの登山の末、たどり着いた中山金山遺跡、そしてはじめてみたテラスは、霧雨まじりの鬱蒼とした林のなかに、霞がかかった状態でうっすら展望できた。そこに人影さえあれば、そのまま金山の世界が目前に迫るといった臨場感漂うものだった。

図13右上から左中央部へ向かって金山沢が流れる。金山沢の起点付近にはＤ７テラスがあり、

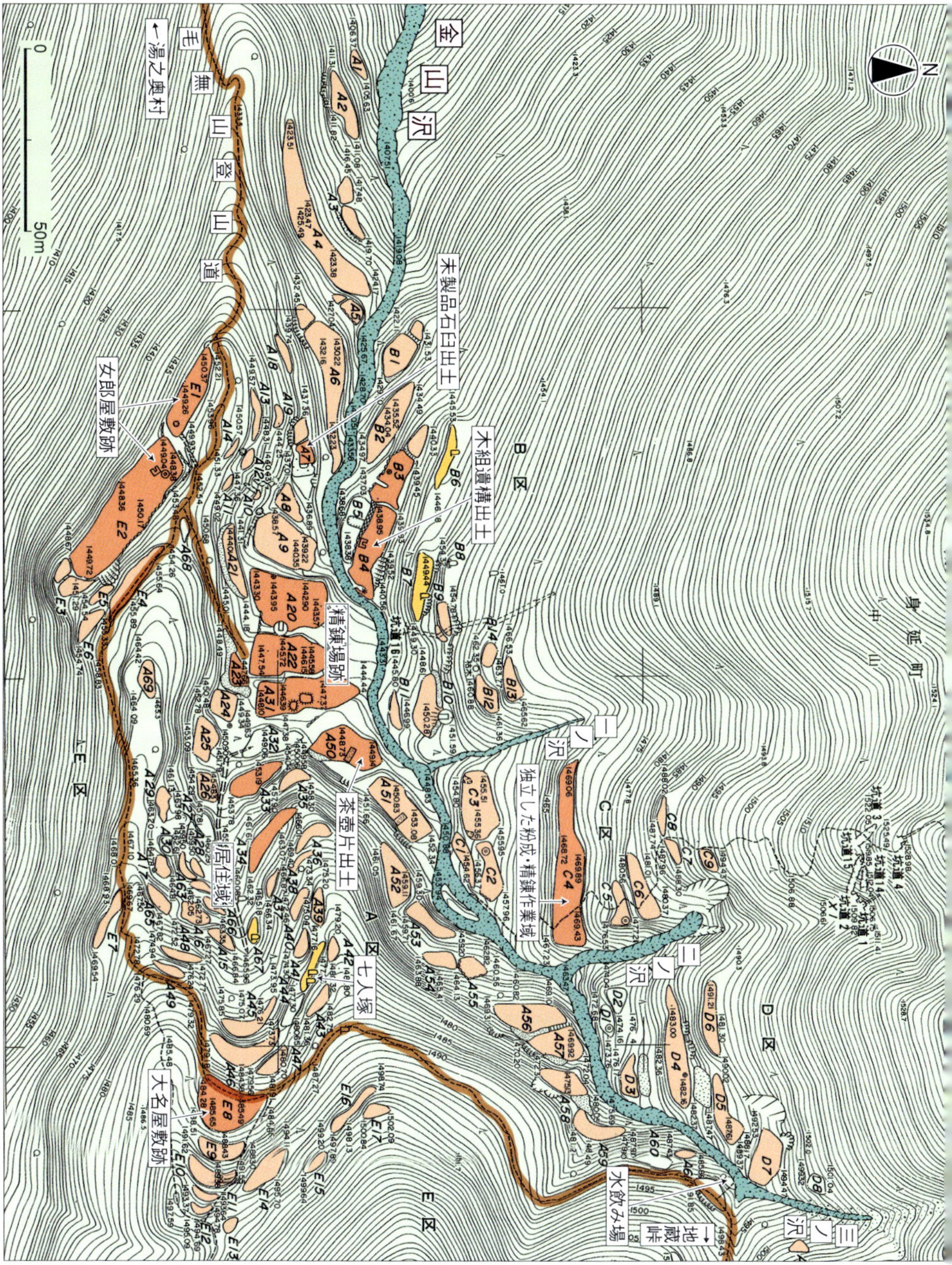

図13 ● 中山金山のテラス部
金山沢をはさんで標高1400～1650mの山中に124カ所ある。●色は発掘調査をおこなったテラス。

そこから下流域に沿ってテラスが展開する。この場所は毛無山山頂へ向かう登山道と金山沢が唯一ふれあう場所で「水飲み場」の呼称がある。その金山沢を下ると、水流はないが右岸から二の沢、一の沢が流れ込む。

ふたたび水飲み場へ戻り、今度は登山道を等高線に沿って下ると、左側に三日月状のテラスが重なった広場に出る。ここ（E8）は下方に広がるテラスが一望できる位置にあり、いつとはなく「大名屋敷跡」とよばれるようになった。

さらに、登山道を下ると、登山道右に精錬場跡へ下る小道が、また左下には大きなテラス（E2）が出てくる。このテラスは尾根をはさんで金山の区画と異なる位置にあるところから、いつしか「女郎屋敷跡」とよばれるようになった。

さらに下っていくと、登山道の標高一四三〇メートル付近の右、眼下に金山沢がみえてくる。その眼下付近にA1テラス（標高一四〇〇メートル）があり、そこから上流へ向かって一二四のテラスが展開する。

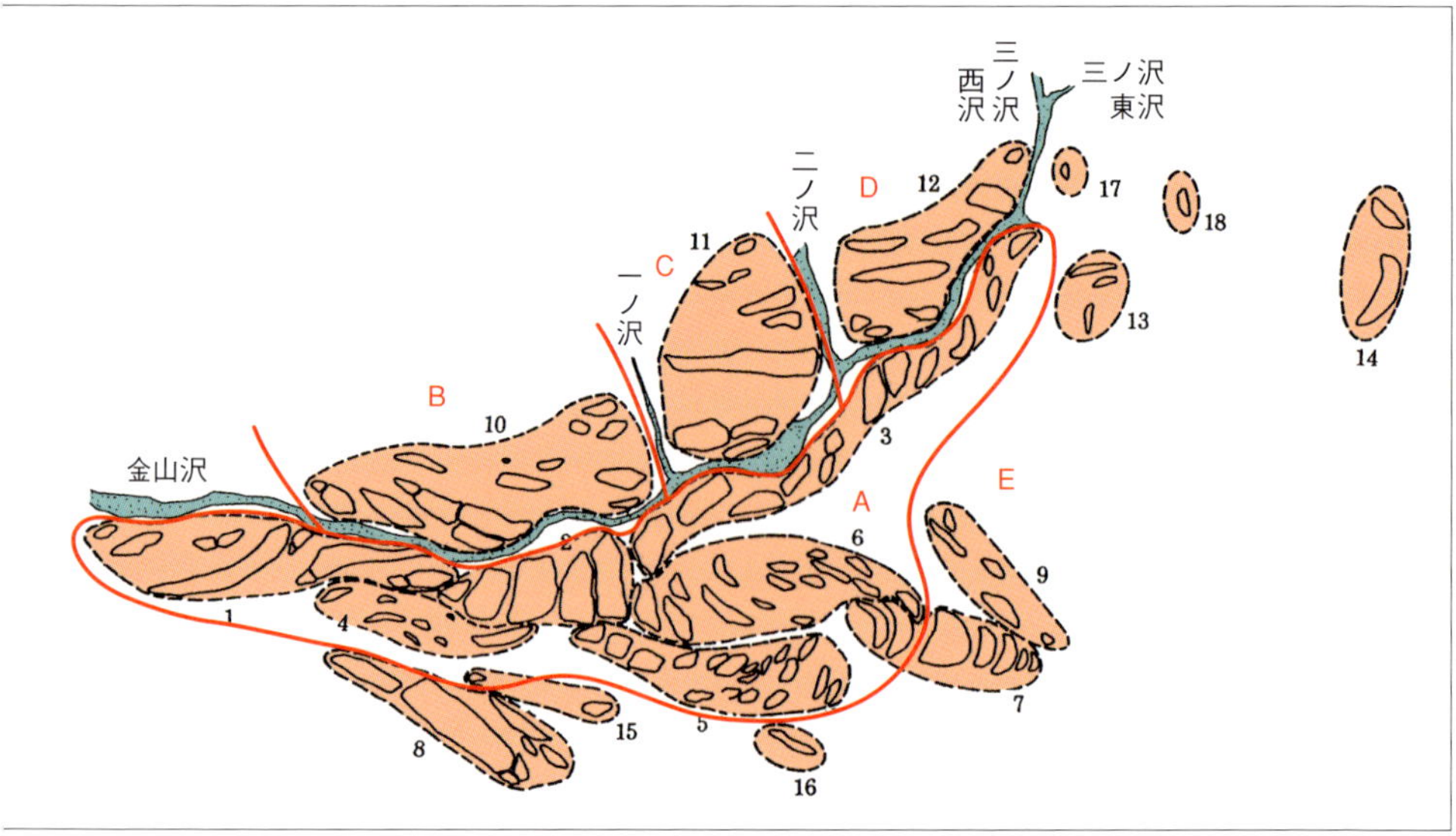

図 14 ● 中山金山テラスの調査区（A～E）と群分類
調査にさきだち、採掘区をX区、124カ所のテラスをA～Eの5区に分け、さらに18群に分類した。

もっとも標高が高いテラスは、三の沢をはさんだD８、A70テラス（標高一五〇〇メートル）付近である。したがってテラス全体は標高一〇〇メートルの間にすっぽりおさまっている。精錬場跡のテラスは標高一四五〇メートル付近にあり、全体の中心域に位置する。

テラス群の区分

各テラスはA～Eの五区と採掘域のX区に分けた（図14）。登山道と金山沢にはさまれた区域を「A区」とし、以下、金山沢右岸で一の沢下流域を「B区」、一の沢と二の沢間を「C区」、二の沢と三の沢間を「D区」、そして毛無山山頂へ向かう登山道である尾根の右側を「E区」と設定し数字を入れ、個々のテラスすべてに名前をつけた。

同じように、鉱石採掘域（13ページ、図８参照）は、尾根上の露天掘り跡については「X区」として数字を、尾根南斜面の坑道はそのまま「坑道」として数字をつけた。「坑道」区域内の「X」も露天掘り跡を示している。そしてA～E区にみられるこれら一二四カ所のテラスを、一八群に分類した（図14）。

2　中山金山の心臓部、精錬場跡

中山金山の心臓部ともいえる精錬場は、A20・A22の二つのテラスを中心に構成されている。これらのテラスの発掘調査によって、中山金山の精錬場の姿がだんだんみえてきた。それでは、精錬場跡を構成するテラスのあり方を展望してみたい。

A20テラスの石積み

A20テラスは、精錬場の一画を占める東西一五メートル、南北二一メートルのテラスで、中山金山の中心に位置する（図13）。標高は一四四三メートル。テラスは東から西にかけてゆるやかに傾斜している。テラスの東側、A22テラスとの境には、炭焼窯（1号炭焼窯）が一基みられる。

このテラス中央部のやや南よりに東西幅八メートル、南北幅二メートルのトレンチ（試掘溝）を掘り調査を実施した。

表土の下、約七〜八センチから、

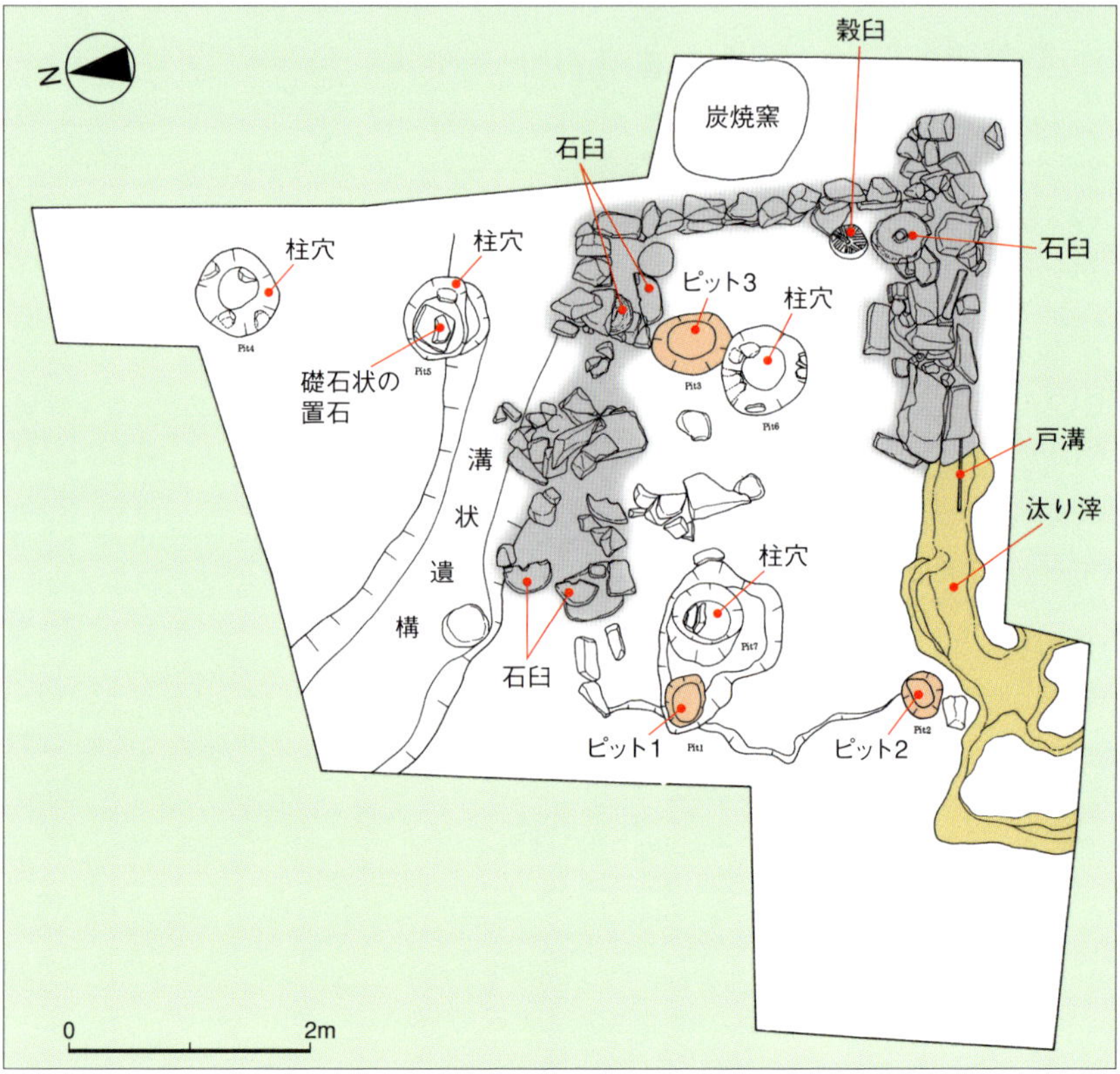

図15 ● A20テラス
「コの字」状の石積みに3つのピットをもった精錬遺構。またそれをおおうような建物があった。

拳大の礫《れき》を多量に含む暗黄褐色砂質土層《あんおうかっしょくさしつどそう》がみられ、またトレンチ内北側からは、西側に向かって開口するコの字型状の石積み遺構が出てきた（図15）。

石積みの北側と東側の部分は攪乱がひどく遺存状態は悪いが、南側の石積みの状態は良好だった。石積みは乱積みで二段から四段積まれ、なかには廃棄された粉成用の挽き臼や穀臼も転用されていた。規模は北側の石積みの長さが四・一メートル、東側が三・四メートル、南側が二・八メートルとなる。

南側の石積みには、岩盤状に固まった汰《ゆ》り滓《かす》（鉱石の粉から比重選鉱によって金の粒子をふるい分けた後の泥状の滓、図16）が石積みに続き、その表面中央には、建物に付属した戸溝の痕跡とみられる長さ六〇センチ、幅五センチの溝が切られていた。

精錬作業の痕跡

A20テラスの表土の下から確認された暗黄褐色砂質土層は汰り滓で、それが捨てられ自然に形成され

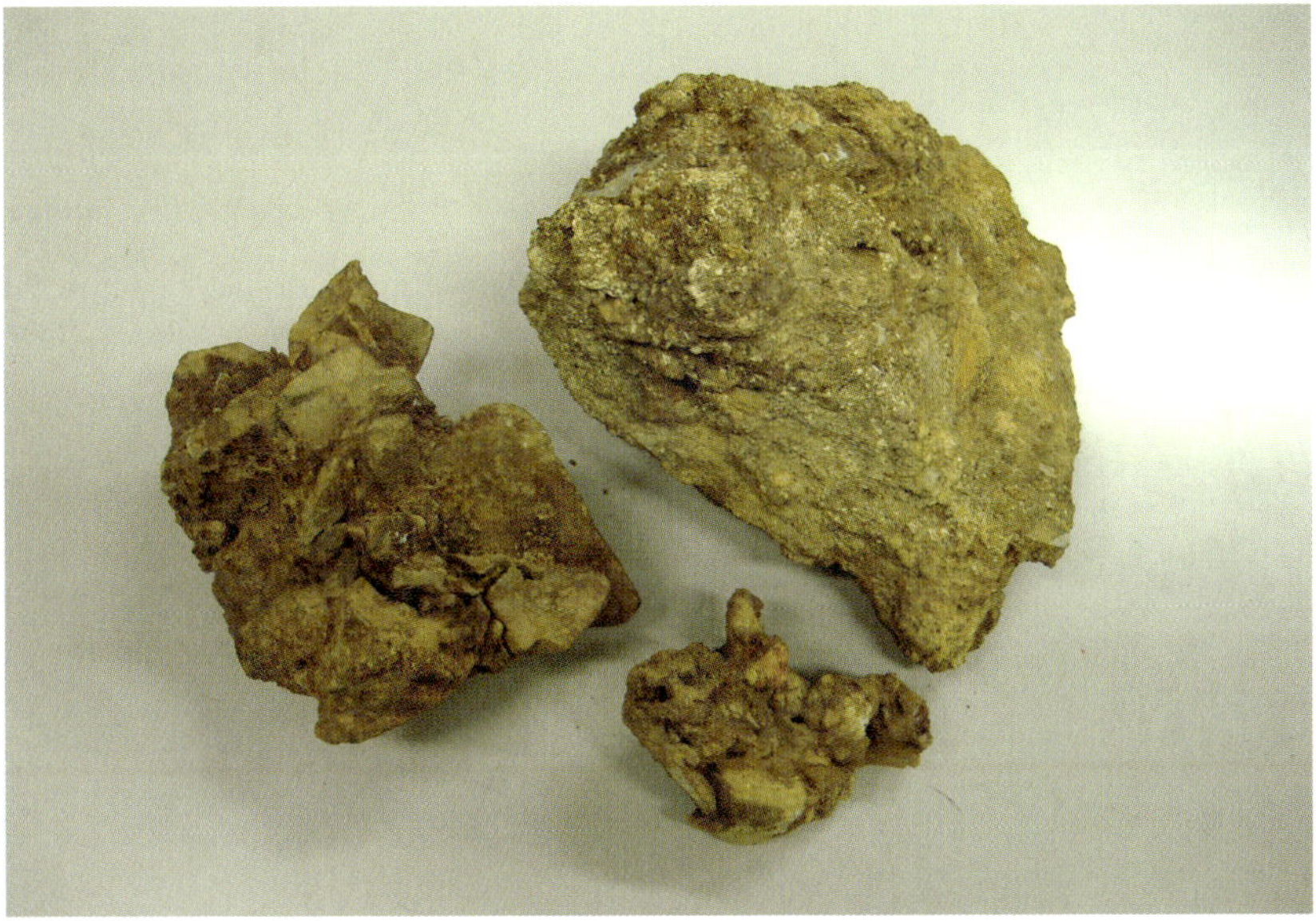

図16 ● 汰り滓
汰り滓は広域的にみられるが、精錬場跡のA20テラスの床面には、とくに厚く堆積している。

たテラスの様子がうかがえる。とくにテラス西側へ向かうほど深く堆積していた。井澤英二（九州大学名誉教授）は、A20と同様に広がるA22テラスの汰り滓を採取し分析した結果、トンあたり一八・九グラムの金と六・五グラムの銀が残留していることを突き止めた（図17）。当時の技術の限界かと思われる。

また、石積み遺構の付属施設として、三基のピットが確認されている（図15、ピット1〜3）。その三つのうち二つのピット（ピット1・2）は楕円形で、長さ四〇〜五〇センチ、深さはピット1が約四〇センチ、ピット2が約五八センチ。

とくに注目したいのはピット3で、北東に位置し、形状は楕円形、長さ六五センチ、深さ約三〇センチであるが、内部には底面から壁面にかけ暗茶褐色粘質土が約五センチの厚さで内側全体に貼り付けられていた。その内面には火を使った痕跡はないが、その性格、目的については、ピット内で精錬にかかわる何らかの作業がおこなわれた可能性を残す。

テラスをおおう掘立柱建物

また石積み遺構に重なるように柱穴（ピット4〜7）四つを確認した（図15）。このことか

物質（単位）			露頭の石英脈 X-18 露天掘り跡	テラスに残る汰り滓 A22 テラス
不純物	珪酸	(%)	95.0	42.7
	酸化チタン	(%)	0.0	0.4
	酸化鉄	(%)	1.7	36.6
	硫黄	(%)	0.0	1.4
	強熱減量	(%)	0.7	11.3
	銅	(ppm)	20	81
	亜鉛	(ppm)	15	163
	鉛	(ppm)	78	65
	ヒ素	(ppm)	252	112
金		(g/t)	7.1	18.9
銀		(g/t)	3.4	6.5

図 17 ● **湯之奥金山の石英脈と汰り滓の科学組成**（井澤英二）
金銀は原子吸光分析法、そのほかは蛍光 X 線分析法で求めた。
A22 テラスの汰り滓には 18.9 g/t の金が残留していた。

ら二×二間または一×二間と推定される掘立柱建物の存在が証明された。柱穴は円形もしくは楕円形で、長径がいずれも七〇センチ、深さは確認面から四五〜五〇センチ。ピット5の底部には礎石状の扁平な石が置かれており、堅固なつくりでテラスをおおう建物であったことが予測できる。ただし建物の時代は不明である。

陶磁器類と挽き臼の出土

トレンチ内の遺物は散在的で、石積み遺構内にも遺物が集中する傾向はない。あえていえば、ピット3付近にやや密な状態がみられたが、ピットと同一時期のものとは考えられない。

遺物は陶磁器類の細片が多いが、とくに一五世紀前半からの中国白磁や在地土器など、古い遺物がA20テラスからは発見されている（図18）。また陶器類では、瀬戸・美濃製と思われる塗り鉄の擂鉢《すりばち》や天目茶碗《てんもくちゃわん》、志野皿《しのざら》なども出土した。これらの陶磁器類の分析は第3章でみていく。

また、石積み内から鉱滓《こうさい》が若干と挽き臼・穀臼がみつかったことから、つぎからつぎと山へ入ってきた人たちによる改変がつねにくり返されたことがうかがえる。

図18 ● **中山金山で出土した中国・明代の染付皿**
A20テラスからは15世紀前半〜16世紀後半の中国白磁や在地土器が出土している。

1号炭焼窯

金山における精錬工程において、金を溶融する熱源は欠かせない。そのため炭を焼く炭焼窯の存在は不可欠であるが、この炭焼窯は中山金山では二カ所で確認できた。一つはA20テラスに、もう一つは中山尾根のホウロク沢にあった。

A20テラスの1号炭焼窯（図19）は、テラス東端のA22テラスとの間にある。

窯の規模は、窯内の長さ二・五メートル、幅一・八メートル、炭火室の長さ一・九メートル、幅一・八メートル、窯壁高一・五メートル、窯口幅〇・六メートル、高さ〇・六メートルである。

窯の石材は閃緑岩《せんりょくがん》と角閃岩《かくせんがん》で、径二〇～六〇センチ大の角礫で構成されている。窯の底部には挽き臼も転用されている。窯の外径は約四メートル、平面は円形で、奥壁ほぼ中央には窯床から約二〇センチの高さに、逆長三角形をした排煙口がある。壁面は熱を受けて赤く焼け、

図 19 ● A20 テラスの 1 号炭焼窯
金の溶解に熱源は欠かせない。早い時期に炭焼窯はつくられた。写真上は窯の外観、下は内側の底部。

タールの付着もみられる。天井は粘土と礫を混ぜた土で固めた痕跡を残す。

焚口部前面には、炭化物を含む灰層の広がりがみられる。挽き臼一点、磁器片も細片であるがわずかに出土している。灰層はＡ20テラスの石積み遺構の上部をおおうようにみられ、炭焼窯のほうが、精錬場跡の石積み遺構より新しいことがわかる。昭和に入っても炭焼がおこなわれたという地元の情報もあるが、精錬場の位置や構造からして、古くからの炭焼窯が後に改修され再利用された可能性が高い。

精錬の痕跡が残るＡ22テラス

Ａ22テラスも精錬場の一画を占める。西向きのゆるやかな傾斜をもつ標高一四四五～一四四七メートルに位置する。テラスの規模は東西一一メートル、南北二四メートル、東西にわずかな段差をもってＡ23やＡ31テラスと接している。

南北に入れたトレンチの東側に石積みが長くつづく。金山沢方向に近い北、中央、そして南に二カ所、その間隔、長さはまちまちだが計四カ所、西方向へ石積みを突き出すように伸ばし三カ所の空間をつくり出している（図20）。

ほぼ中央の突き出し部が一番大きいが、その突き出し部分南側に1号、2号、3号の三つの土坑と、一番南の突き出し部分北側にも、もう一つ4号土坑がみられる。3号土坑の南脇には、1号集石遺構と命名した東西一・四メートル、南北一・五メートルの狭い範囲に、すべて破片であるが上臼八、下臼一、磨り臼四、磨り石二と、鉱石を粉成す道具がまとめられていた。

一番北の空間を構成する突き出した石積みは、A31テラスとの境界を兼ねるが、そこにできた空間の床面はややくぼんでおり、鉱石や鉱滓を多量に混在した細礫層が堆積していた。細礫はこの空間にのみ多量に分布しており、この場が磨り臼、挽き臼を使って鉱石を微粉化する粉成作業域であったことがわかる。1号集積遺構に残されていた道具はこの空間で使われていたものが、まとめられた可能性が高い。

では、中央の空間の三つの土坑は、何をする場だったのだろうか。

「吹床」の遺構か

1号土坑は東西一メートル、南北九〇センチ、深さ二五センチの楕円形をなし、なかに詰まっていた土の中間あたりには炭化物の層（厚さ一、二センチ）を二層はさむ焼土層（厚さ七センチ）がみられた。その下層、地山《じやま》のすぐ上には黄白から灰色の灰を多く含む粘質土層（厚さ八センチ）が堆積している。一方、上層には平板な礫が蓋状におおっていた。壁は焼土化しておらず、鉱滓もなかった。

2号土坑は不整円形で、東西一メートル、南北一メートル、深さ三〇センチで、1号土坑に重複する。西側よりに径五〇センチ、深さ二〇センチのピットがあり、東西に少し傾いている。覆土は1号土坑と同じく地山直上に灰を主体とした粘質土があり、上層に焼土ブロックや炭化物、焼土粒子を混在した土層がみられる。灰は流れ込みの様相もみられる。

3号土坑は東西一メートル、南北七〇センチ、深さ二三センチで楕円形。覆土は黄褐色砂質土で焼土や灰はみられなかった。

４号土坑は東西三五センチ、南北五五センチ、深さ七センチ、覆土は上層が炭化物を多く含んだ灰質土層、下層が焼土を含んだ赤褐色土層。ただしこの土坑は焼成行為は考えられるが、壁面まで焼成がおこなわれていない。

こうしてみると、焼土と灰がある１・２・４号土坑は、炭灰を床とした精錬のための「吹床《ふきどこ》」との見方もできる。

湯之奥金山の鉱石には金、銀、銅、鉛、亜鉛が含有され、金をとりだすためには自然金の溶解と灰吹《はいふき》精錬法（第３章で解説）による鉛・鉄・銅の溶解・分離が必要とされ、灰吹床の精錬炉があってもおかしくない。

同時代金山である黒川金山からは、溶融物が付着した土器片（るつぼ）の出土が報告されていることから、湯之奥中山金山においてもその可能性はある。るつぼは在地系で小形のものが一般的だ。

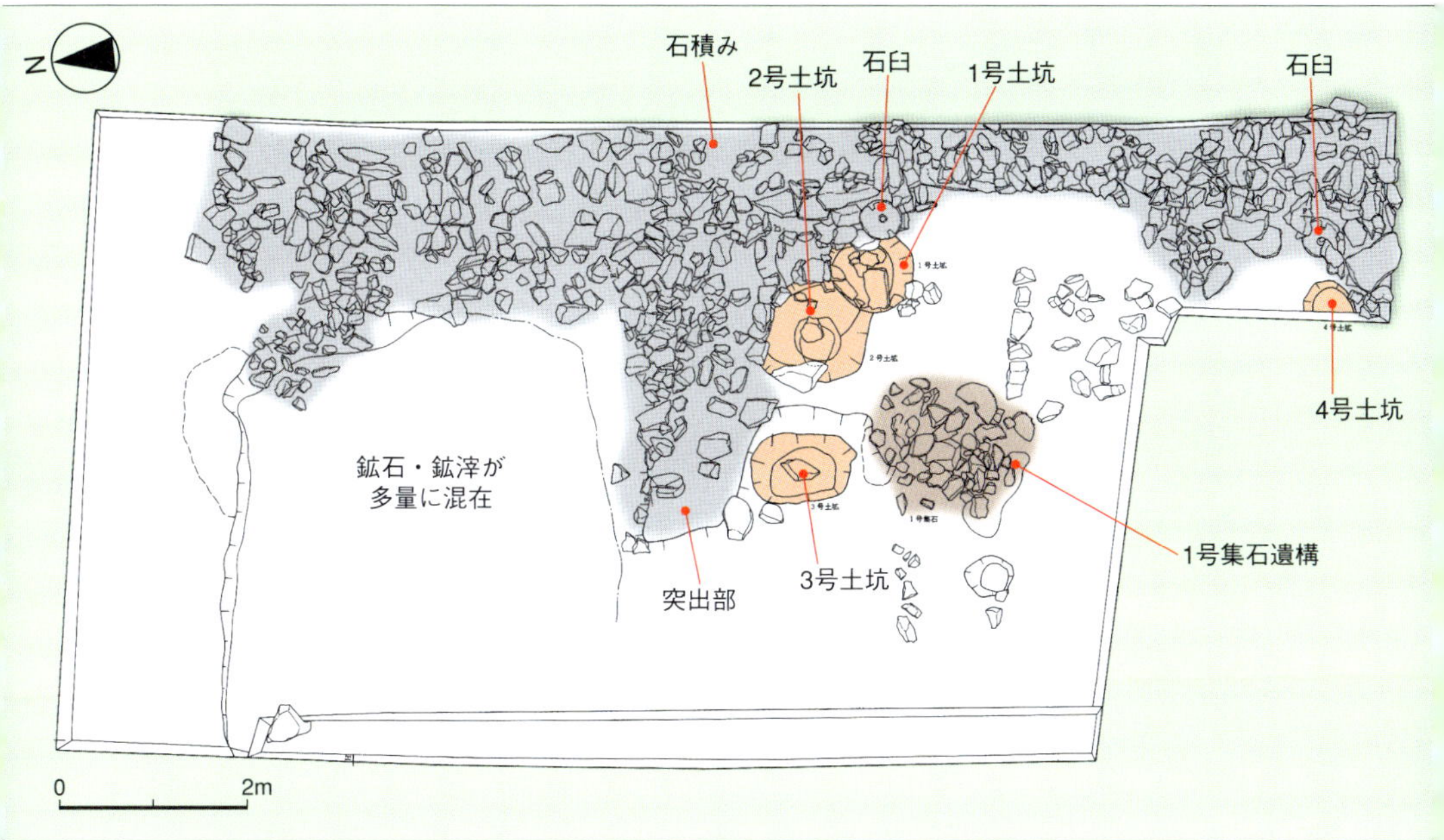

図20 ● A22テラス
精錬がおこなわれていた痕跡をテラス全面に残している。

A22テラス出土の陶磁器

なお、このA22テラスの出土遺物には、鉱山臼類のほか、天目茶碗、青磁、志野皿、灰釉《かいゆう》、伊万里《いまり》茶碗、土鍋、在地の土師質《はじしつ》土器、碁石、急須《きゅうす》、猪口《いぐち》、鉄製品などがみられる。A20テラスと同様に一五世紀からはじまり、一九世紀代の瀬戸・美濃の擂鉢や土瓶までがもち込まれる、長い期間にわたる人の動きが認められる。

A23は精錬場で働く人の休憩所か

A22、A31テラスの南側に位置するA23テラスは、南東のコーナーに比較的大きなL字型の石積みをもつ小さなテラスである。女郎屋敷跡のE2テラスの登山道から下ってきた、中山金山の表玄関口の位置にあたる。石積みは背が高く、すでに崩落していて、本来の姿は外見上からはみられない。

調査は石積みの腐葉土を清掃し内面を観察し、平坦面は全面調査をおこなった。その結果、石積みの

図21 ● 中山金山の精錬場のジオラマ模型
湯之奥金山博物館のジオラマ展示室の一部。岩手県大槌町金沢金山の絵巻「金沢御山大盛之図」(江戸後期)を参考に復元している。

規模は東西八・四メートル、南北五メートルと推定され、石積みのなかには多くの挽き臼やその破片が使われていた。

このテラスからも、一五〜一六世紀の在地土器や小破片ではあるが織部向付、一六世紀前半代の中国製の染付皿が石積み上方の斜面から採集されており、初期段階から使用されたテラスの一つと考えられる。

陶磁器片、土器片、上下セットの穀臼、金属製品では青銅製煙管吸口《きせるすいくち》、把手《とって》（図22）が出土するなど、精錬場という生産域にありながら、生活の場を感じさせる遺物がみられる。もしかすると精錬場で働く人たちの休憩所だった可能性もある。

A31は江戸期の精錬炉跡か

精錬場跡テラスの東側の一角をしめるA31テラスの北側は、金山沢に近く、径八メートル、高さ一メートルほどの円丘状の地形をみせている。この円丘状のマウンドをトレンチ調査した結果、径一・五メートル、厚さ二〇センチの焼土が、地上一〇センチほどの腐植土下の礫混じりの粘土層の上にみられた。

遺物は、焼土層のすぐ上に木炭片、焼土層中からは鉱滓一点と丸釘、焼土と円丘の周辺には、鉱滓数点、丸釘（一〜五寸）

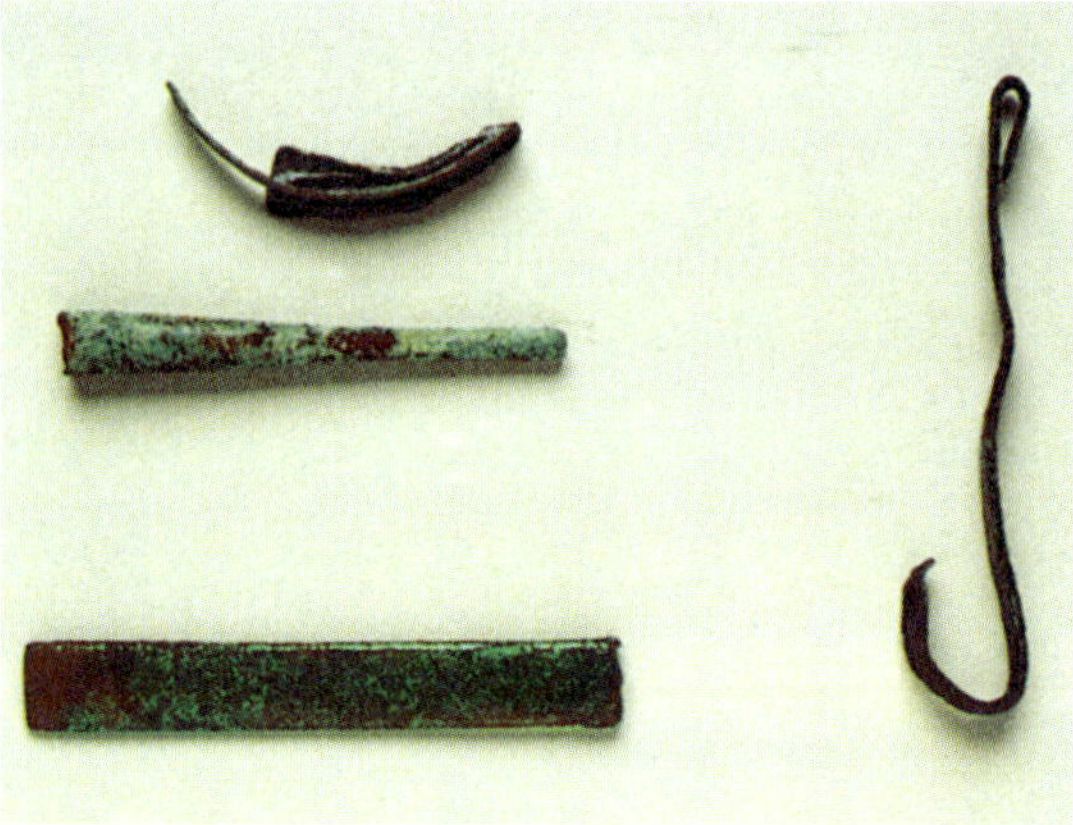

図22 ● **中山金山で出土した金属製品**
中山金山出土の金属製品のうち、A23テラスからは左中央の煙管吸口と右の把手が、A33テラスからは左上の六器台皿と小柄が出土している。

五〇点、角釘（カスガイ状で断面方形、両面が尖っている合わせ釘とよぶもの）が約三〇点、鉄製ツルハシ一点、石臼（下臼で軸に鉄芯が残存するもの）一点、陶磁器（江戸末～近代）数点などが出土している。

角釘は江戸時代、ツルハシと丸釘は江戸末～近代とみられ、鉱滓は径二センチの球状で不定形、溶融し黒いガラス状で光沢をもち、金精錬滓の可能性が高い。これらのことから焼土遺構は、江戸時代における小規模な金精錬炉跡である可能性がうかがえる。

3 特徴あるテラス

挽き臼をつくっていたテラス

精錬場をみおろす北向きの急斜面上にあるA10テラスは、一・六～二・五メートルの小さなテラスだが、そのほぼ中心に挽き臼の未製品が露出していた。

臼の厚さは一五・五センチ、直径は四七センチの円盤状で、水平に遺存していた。両面・側面ともに非常にていねいな整形痕を残していたが、片面から一〇センチほどの厚さで、水平に割れが生じていた。

このテラス周辺には凝灰岩の露頭が数本みられ、石材を節理面に沿ってとり出したような痕跡が残されている。また近くのA7テラスからも未製品の挽き臼が石積みのなかから出土しており、この一帯は石材採取と挽き臼の加工場と考えられる。挽き臼は現地生産だったのである。

木組み遺構のみつかったB3・4テラス

金山沢の右岸に行ってみよう。精錬場のA20テラスから金山沢を渡ると、B3・4テラスに出る。このテラスは標高一四三九メートル前後に位置し、対岸のA8・A9テラスと向き合っている。B3・4テラスの中央に段差があるが、作業域とすれば同一テラスである。

B3テラスは、東西幅約二〇メートル、南北約八メートル。B4テラスは、東西幅約二五メートル、南北幅約七メートルで、合わせると比較的大きなテラスとなる。表面採集で石皿タイプの磨り臼一点が発見されたことから、ここも独立した作業域ではないかと思われる。

そしてB4テラスの黄褐色砂層下から、地山面を掘り込んで構築された建造物の木組み遺構が出てきた（図23）。東西一二・三五メートル、南北二・六五メートルの東西に細長い長方形で、厚さ約八センチ前後、長さ一七〇センチ前後の板材がいくつか配されていた。十菱駿武《じゅうびししゅんぶ》（山梨学院大学教授）は、この一二メートルを超える木組み遺構を水を引く施設と考え、選鉱作業にともなう遺構ではないか

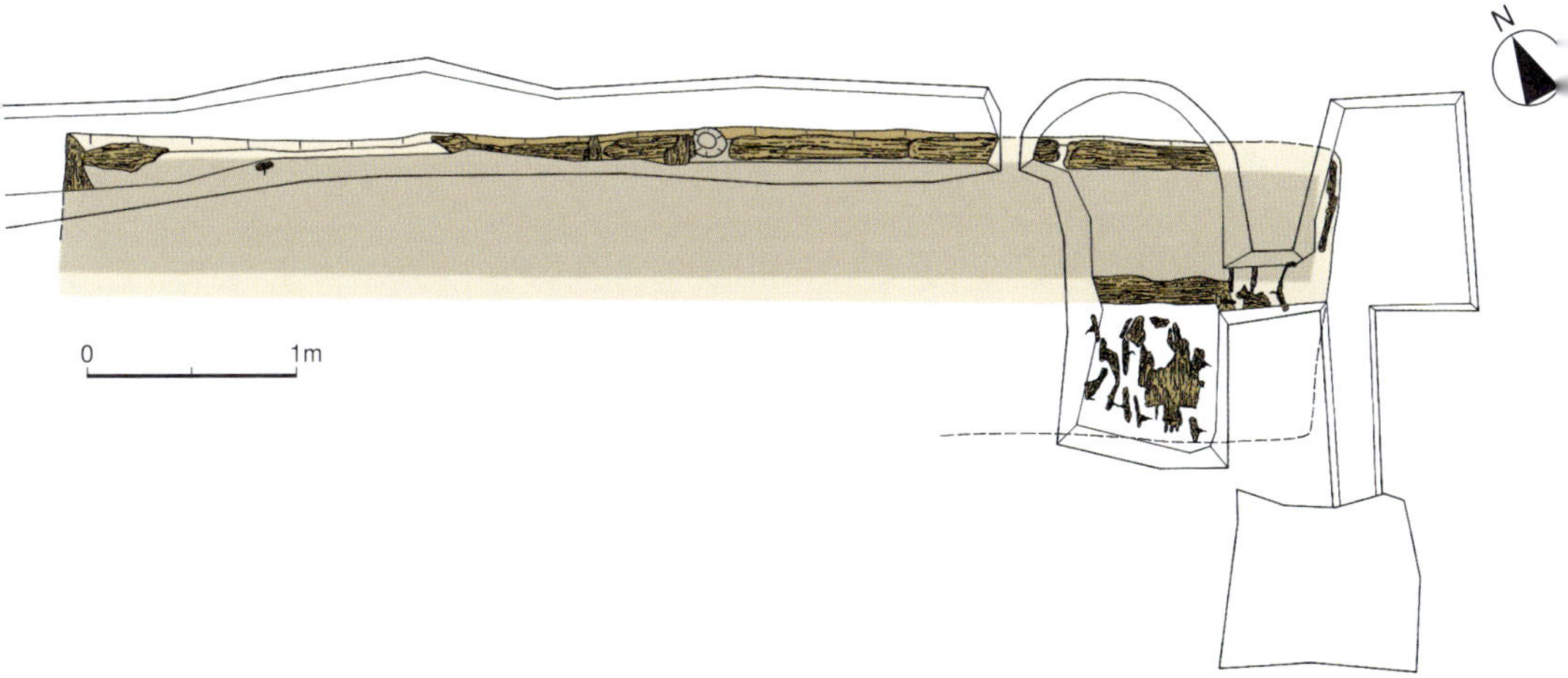

図23 ● B3・4テラスの木組遺構
金山沢右岸のテラスの沢に面した部分には石垣がみられるが、そこまで金山沢の氾濫原となり、木組遺構が埋まっていた。

と分析する。この木組み遺構は中山金山において唯一確認できた建造物であるが、年代を同定できる資料はなかった。

独立した作業域だったC4テラス

C4テラスは、金山沢右岸の一の沢、二の沢の間にあり、沢の一番上段にあたる。標高は一四六九メートルで、東西五二メートル、南北六・五メートル、等高線に沿って横にのびている。テラス中央に完形の上臼が露呈しており、テラス東側には八点の挽き臼が集められていた(図24)。

また地表面には小さな鉱石や鉱滓が少量だが散布していたため、当初から選鉱から精錬までの作業をする場と想定していた。

調査は長軸方向に合わせ、東西四一×南北二メートルのトレンチを設定、遺構確認面まで下げ、またテラス短軸方向へも南北方向に九×一・二メートルのサブトレンチを入れ、テラス築成のあ

図24 ● C4テラスでみつかった鉱山用挽き臼
C4テラスは初期段階につくられたテラスの一つ。A20、23と同時代に独立した作業域として稼働していたとみられる。

り方などもさぐった。テラス北側は推定どおり、岩盤を深くえぐりテラス面を拡張していた。精錬の遺構はみつからなかったが、遺物は一六世紀の中国磁器、常滑《とこなめ》擂鉢、志野など陶磁器片、銅銭（開元通宝）一、鉄銭（寛永通宝）、鉄製角釘のほか、径数センチの小さな鉱石・鉱滓がトレンチ東側でやや多量に出土した。

また鉱山臼は露呈していた臼を含め、上臼四、下臼五（うち三点は完形）、磨り臼二がみられ、ほかに穀臼一があった。また青黒色の碁石状白然石二点がみられた。

柱穴や炉などはなかったが、鉱滓、鉱石、挽き臼が出土するなど、粉成、精錬にかかわる作業域と確認できた。とくに完形の下臼三点の遺存は、このテラスが挽き臼を用いた粉成作業がおこなわれた場として特定できる。さきにみた精錬場跡のテラスとは離れており、分業体制が確立していなかった時代の、それぞれ独立していた金山衆の作業域の一つとみられる。

4　地位ある人もいた生活の場

茶道具や青銅製品の出土

精錬場跡テラスから東側へのびる谷の北側のA33テラスは、標高一四五三メートル付近にある。急斜面の先端部を削り出して形成されており、南北一四・五メートル、東西四・八メートルの居住域に近いテラスである（19ページ、図13参照）。

調査はテラス中央に一一・三×一・五メートル、二・五×一・四メートルのトレンチをT字形に設定し、地表から七センチほどで地山の黄褐色土を確認した。遺物は地表から五センチほどのところに多くみられた。

出土遺物は、陶磁器および石臼片、また鉱滓がトレンチの南側から多く発見されている。陶器のなかには、志戸呂《しとろ》の筒形碗および天目茶碗が数点あった（図25）。また碁石もみつかった。碁石は黒がすべて石製（那智黒）で、トレンチ北側を中心に、白はすべて磁器片の転用で、南側を中心に出土した。

遺構をともなう施設は発見できなかった。

石臼片や鉱滓等は出土するものの量はわずかであり、そのほかの資料から判断すると、このテラスは生活の場の色彩が濃いテラスであった。それも茶道具や青銅製六器台皿《ろっきだいさら》や、刀の鞘《さや》にさしそえる小刀の柄である小柄《こづか》（31ページ、図22参照）などの出土は、精錬場のなかでも地位が高い人の居住地だったと推測できる。

図25 ● 中山金山で出土した天目茶碗
A33、A50テラス周辺は、出土遺物からみて、地位の高い人の居住地だった。

茶をたしなむ金山衆の日常

茶といえば、A50テラスからは一六世紀代の瀬戸祖母懐《そぼかい》の茶壺片が出土した（図26）。A50テラスは、金山沢左岸の精錬場テラス群より一段高所に位置している。南北一七・二メートル、東南八メートルの大きさで、北東をコーナーとして石積みがみられるが、構築当時の状況をうかがわせる部分もある。テラスのほぼ中央には、石積みからテラスのなかほどまで主軸と直交する形の石積みがあり、テラスを二つに区分している。

小野正敏（国立歴史民俗博物館教授）によると、祖母懐の茶壺は茶道具として機能が限定された陶器で、染付などの日常飲食用具とくらべて流通量も少なく、ほかの一般の中世都市、集落でもその組成比は高くないという。その用途が限定されているだけに、茶の湯をたしなむ階層が存在したことが暗示される、という。

ちなみに山梨県下における発掘調査で祖母懐の茶壺が発掘された事例は、いまのところ大月市の岩殿城《いわどのじょう》跡、韮崎市の新府城《しんぷじょう》跡とこの中山金山の三遺跡に限られている。

「女郎屋敷」はなかった

中山金山最大規模の面積をもつE1、E2テラスは「女郎屋敷跡」とよばれているテラスである（図27）。登山道をはさみ、精錬場などの領域とは反対側になり、ある意味では「隔離された空間」にみえるために、いつとはなしにそうよばれるようになったのかもしれない。

図26 ● 中山金山で出土した瀬戸祖母懐の茶壺片ほか
祖母懐の茶壺の出土は、茶の湯をたしなむ階層の人物がいたという証になる。

E2テラスの北側斜面裾部には約一七メートルにわたって石積みがみられる。またE1テラスにつく古道とE2テラスに西方からつく古道にも、それぞれ石積みがみられるなど、テラスはていねいに築成されている。

一次調査では、E2テラス中央礫層から、細片だが青磁、鉄釉などの陶磁器片が比較的多く出土した。また挽き臼の上臼一点が出土、遺構はなかった。二次調査では、一次調査につづき遺構の確認調査をおこなったが、建物跡などの遺構は痕跡すら発見することはできなかった。出土遺物は一八世紀を中心とする陶磁器類の細片数点と、使途不明の鉄製品、鉱滓がみられる。

また、E2テラスの中央左寄り北側にカマド状とドーナツ状の二基の石組み遺構がみつかった。カマド状の石組みは長径約二メートル。なかから板挟状の鉄製品、鉄製丸釘、羽《は》

図27 ●「女郎屋敷跡」テラス
中山金山全体からみると、登山道の尾根をはさんだ別空間にみえる。調査の結果、屋敷跡の痕跡はなかった。

口片《ぐち》などが出土した。ドーナツ状の石組み遺構は、長径二メートルの遺構周辺から上臼片、羽口片などが出土しているが、精錬にともなう鉱滓や焼土、灰などはみられない。

どちらの遺構も一部遺物から精錬施設の可能性も残されるが、羽口などから鍛冶遺構の可能性のほうが強い。

「大名屋敷」も存在しなかった

「大名屋敷跡」の伝承をもつE８テラスは、A区全体をみおろす標高一四八五メートルの位置にある。西傾斜の谷地形を七段階に重ねて造成したなかの一番大きなテラスで、南北約一五メートルで西向きの半円形に造成されている。

女郎屋敷跡同様、伝承が先行するテラスだけに慎重に調査がおこなわれたが、建造物につながる痕跡は皆無、北宋銭が一枚トレンチ内でみつかっただけだった。

作業域としても居住域としても使われた痕跡はまったくみあたらず、大名屋敷跡という伝承は、A区をみおろし全体を監視できる位置にあたることから、後世つけられたものである。

現場にたたずむ石造物群（七人塚）

A区中心の精錬場テラスから大名屋敷跡とよばれるE８テラスへ向かうゆるやかな沢には、沢をはさんで両側に小さなテラスが密集している（19ページ、図13参照）。雛壇状に重なっているため、この一帯が居住空間であったことがわかる。

この小さなテラスが集中する北側にA41テラスがあり、立派な石造物がいくつかたたずんでいる（図28）。「七人塚」とよばれるテラスだ。

その「七人塚」の下にA67テラスがあるが、その周辺テラスにも石造物が確認できる。また、金山沢右岸のB区で、B6、B7、B14や、その周辺斜面にも石造物が残されている（図29）。

そして水飲み場から毛無山へ向かって登山すると、静岡県との県境になる地蔵峠（この峠のすぐ下に富士（麓）金山がある）へ出る。この峠にも一つ石造物がみられる。

各石造物の内容を図30に掲示した。

①～⑥の石造物にみられる年代が江戸時代初期の一六五七年（明暦三）～一六六四年（寛文四）で、このころになると湯之奥金山は中山金山を拠点とするものの、茅小屋・内山金山も活発になり、一六六五年（寛文五）には最盛期に入っている。石造物はその最盛期のころの遺産である。

図29 ● B区に残された石造物
B6テラスの1690年の富士北山村・石河権兵衛家の石塔。

図28 ● 七人塚の石造物
1658年の宝篋印塔（左）と1664年の板碑型石塔。共に日蓮宗。

⑥は年代が一番古いが、B区へとり残された感じで、後の①〜⑤はA区へ集中する。とくに①は⑥の翌年に、ともに母の霊位に対し建てられたものであるが、①は宝篋印塔、⑥は板碑型石塔という形態のちがいは、財力か身分のちがいが形にあらわれたものとみられる。

なお、七人塚に寄り添う①と②（図28）は、夫婦の可能性が考えられている。

また⑦の一六九〇年（元禄三）の富士北山村の石河権兵衛家の光背型供養塔は、一六九二（元禄五）を最後に金山の麓の湯之奥村・門西家文書からも「中山村」が消えた時期にあたり、子孫が先代の供養のためにこの地へ建立したものとみられる。

番号	年号	西暦	形態・種類	銘文	所在地	備考（1989年調査時）
①	明暦４	1658年	宝篋印塔	悲母妙安霊 経 明暦四戊戌 十月五日	七人塚 （A41テラス）	塔身部欠損 現存高118cm なお明暦４年は７月23日に万治と改元されている
②	寛文４	1664年	板碑型石塔	寛文四甲辰 南無妙法蓮華経慈夫宗安 九月十日	七人塚	基礎部欠損 現存高93cm
③	—	—	五輪塔	なし	七人塚下方の谷内	空風輪欠損 現存高28cm
④	—	—	五輪塔	なし	七人塚上方の山道脇	地輪のみ 地輪高11cm
⑤	—	—	石殿	なし	七人塚下方の谷内	軸部逆位 高さ63cm
⑥	明暦３	1657年	板碑型？ 石塔	明暦三丁酉年 （悲）母妙養霊位 六月十四日	B7テラス 上方の斜面	上部欠損 現存高66cm
⑦	元禄３	1690年	光背型石塔	元禄三庚午正月 為花景宗春菩提 富士北山村 石河権兵衛家	B6テラス	高さ52cm
⑧	—	—	石殿	なし	B7テラス	軸部欠損 屋根部高34cm
⑨	—	—	石殿	なし	B14テラスの西側斜面	屋根部欠損 軸部高27cm
⑩	—	—	双体石仏	（読解不可）	地蔵峠	高さ約26cm

図30 ● 中山金山の石造物一覧（千々和到・畑大介・菊地大樹）

第3章　湯之奥金山の「金」

1　山金山の産金法

産金の三つの形態

一般的にわが国の初期の産金遺跡は、

①「砂金」採掘金山

②河岸段丘の「芝《しば》（柴）金《きん》」採掘金山

③鉱石からの「山金」採掘金山（露天掘り、ひ押し掘り）

という三つの形態があり、歴史的に大略、①から③へと発展したといえる（図31）。

近年、東北地方で「土金」という採掘遺構が確認されているが、調査事例がまだ少なく、土金採掘に使われた道具などがまだ不明で、上記のいずれに入るかは特定できていない。おそらく粘土状の鉱石を露天掘りに近い形で産金したものと思われ、③に近い。

日本における最初の産金地は、宮城県涌谷《わくや》の黄金山産金遺跡（国指定史跡）で、砂金採掘だった。涌谷の金は八世紀中ごろの七四九年（天平二一）に、百済王敬福《けいふく》によって聖武天皇に献上された。奈良東大寺大仏（盧舎那仏）の鍍金にこの金が間に合ったことを、『続日本記』（天平二一年二月二二日の条）は伝えている。天皇はこれを喜び、年号を天平二一年から天平感宝元年、同じ年にもう一度、天平勝宝元年とあらためたとされる。

以後数百年、日本の産金は、川床の砂金と河岸段丘の芝金（河岸段丘に堆積した砂金）を中心に採掘されてきた。

金鉱石からの産金（山金）は一五世紀末〜一六世紀初頭、西暦一五〇〇年前後のこととみられる。涌谷から数えおよそ七五〇年後のことである。もちろん砂金採掘がなくなったわけではないから、山金による産金がはじまったことで、産金量は大きく拡大したとみられる。その初源的山金山遺跡が甲斐金山遺跡群なのである。その後、石見や佐渡にみられる幕府の鉱山が発展する。

露天掘り

初源期の山金山では、表土に露出しているか、表層に近い風化

発展段階（初現の時代）	産金形態	産金道具
第１段階（８世紀）	砂金（主に川床）	「かっちゃ・かます」など
第２段階（８世紀？）	芝（柴）金（主に河岸段丘）	「かっちゃ・かます」など
第３段階（16世紀初頭）	山金（風化鉱石＝露天掘り）	「磨り臼」が先行
第４段階（16世紀前半）	山金（風化鉱石→鉱石へ）	「挽き臼」出現（湯之奥型・黒川型）
第５段階（17世紀）	山金（鉱石・大形の坑道）	「搗き臼・定形型挽き臼」

図31 ● **産金の発展段階**
第２段階は第１段階に重なる可能性がある。

した鉱石を露天掘りすることからはじまっている（図32）。そのやわらかい鉱石を採取して、金が入った状態のまま「磨《す》り臼」と「磨り石」を使って泥状態に粉成し（図33）、あとは砂金をとるときと同じ要領で「汰り板」や「汰り鉢」にその泥を入れ、水中で「汰り」ながら金を沈め、底に残った金をとる「汰り分け」（＝比重選鉱法）で金をとっていた（図37）。これが山金採掘の初源期の姿だった。

ひ押し掘り

やがて表層の風化鉱石をとりつくすと、その延長線にある地中の鉱脈を追う形となる。この鉱脈（＝ひ）を追いかけるので「ひ押し掘り」というが、湯之奥中山金山では「ひ」を追いかけて掘った、人ひとりが入れる程度の狭い掘間（「間歩《まぶ》」ともいう）がみられる。

ひ押し掘りで採掘した鉱石は、風化鉱石とちがって堅いので、焼いてもろくし、搗《つ》き石で砕き、挽き臼で粉成すといった作業工程が必要となる（図35・36）。ときには磨り臼も併用して微粉化（粉成）したとみられる。

最後は、砂金採集と同様に「汰り板」や「汰り鉢」を使って、水のなかで比重選鉱するという方法がとられる。

純金をとりだす灰吹法と碁石金

第2章でのべたように、金鉱石から粉成・汰り分けなどの作業をとおしてとりだした自然金

図 32 ● **中山金山の露天掘り跡**
中山の尾根ホウロク沢に残された露天掘り跡の 1 つ。
金山草が群生している。風化鉱石の金は品位が高い。

図 33 ● **磨り臼と磨り石**
露天掘りによって得られた風化鉱石はもろく、磨り臼で簡単に
粉成（こな）せる。あとは砂金と同様に汰り板で比重選鉱する。

図 34 ● 鉱山道具のいろいろ
「露天掘り」では、砂金・芝金採掘レベルの道具で可能だったが、「ひ押し掘り」になると、鉱山道具も多様化してくる。

図 35 ● 粉砕作業
「ひ押し掘り」がはじまると、採掘された鉱石は焼いてもろくし、挽き臼に入る大きさに粉砕する。

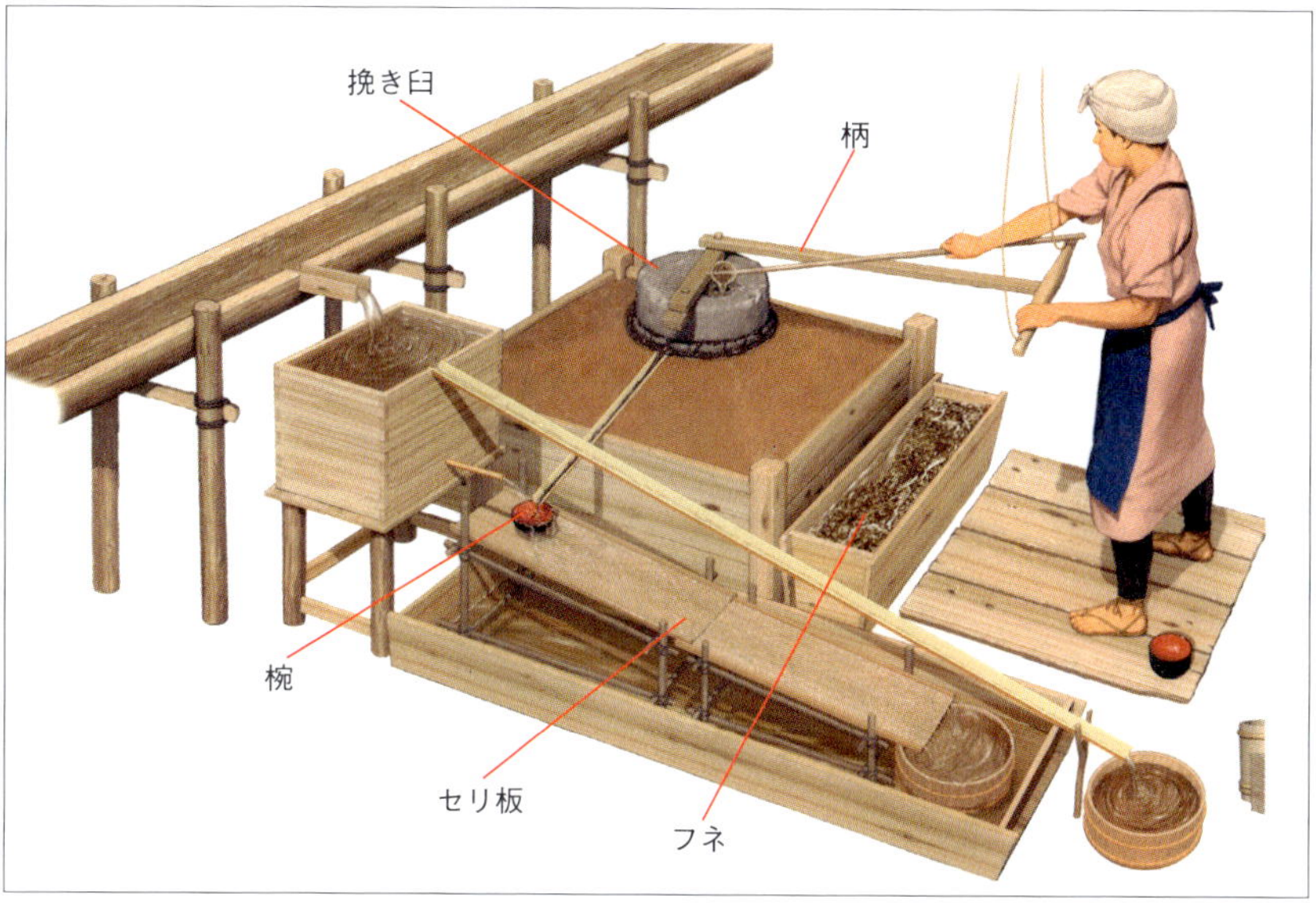

図 36 ● **粉成作業**
粉砕された鉱石は、挽き臼にかけて粉成す。絵は江戸後期「金沢御山大盛之図」によるが、初期はもっと簡単な姿だったと推定される。

図 37 ● **汰り板と汰り分け**
挽き臼にかけられ、椀とセリ板で金粒は採集されるが、さらに汰り板で汰り分けられる。

には、砂金あるいは風化鉱石とはちがい、金が鉱石に包み込まれていることから、金のなかに、銅・鉄・ヒ素・珪酸などの不純物が逃げられずそのまま含まれていることが多い。この不純物をとりのぞき精製する方法を「灰吹法」という（図38・39）。

るつぼに灰をつめ、その上に金と鉛をのせ溶かし、それに空気を吹きつけて、鉛などの不純物を酸化させる。酸化した不純物は表面張力が低く、灰のなかにしみこんでいく。金は表面張力が大きく純度の高い黄金色の玉だけが残る。

武田信玄《しんげん》の時代につくられ、使われた「碁石《ごいし》金《きん》」（図40）をみると、表面は丸く盛り上がり、裏面は灰吹時に残る「ぶつぶつ」がそのまま残されている。碁石金とは、灰吹法によってとりだされた金の粒そのものだった。戦国期における甲斐金山では、灰吹は一般化された技術だったことになる。

図 38 ● 灰吹作業の様子
空気を吹きつけて、鉛などの不純物を酸化させている。戦国期における甲斐金山では、灰吹は一般化された技術だった。

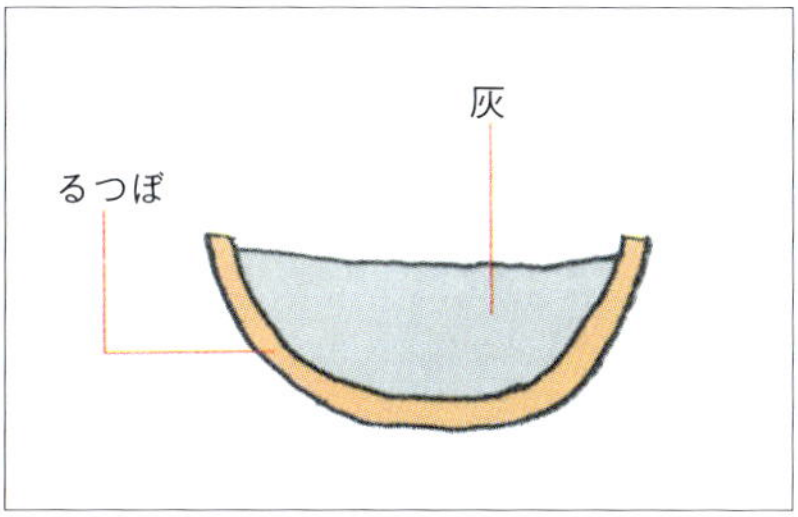

1　動物の骨や松の葉を燃やした灰を内側に敷きつめたるつぼを用意する

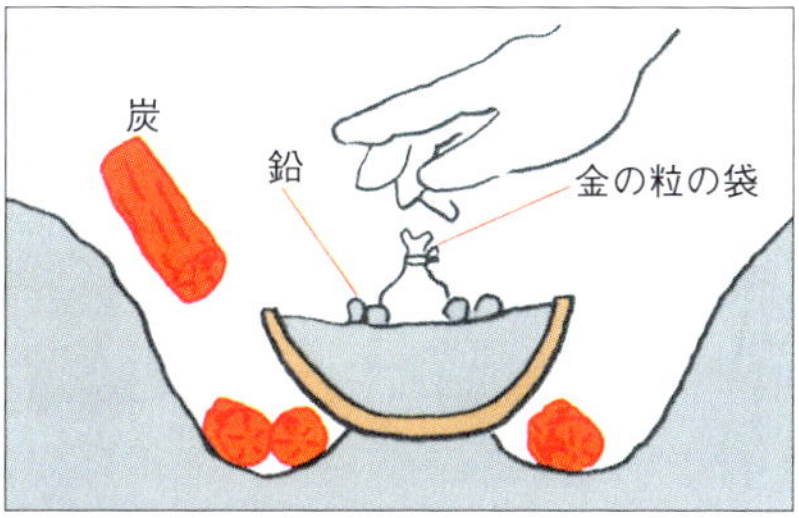

2　鉛と和紙に包んだ金を灰の上に置き、るつぼの周囲を炭で囲み加熱する

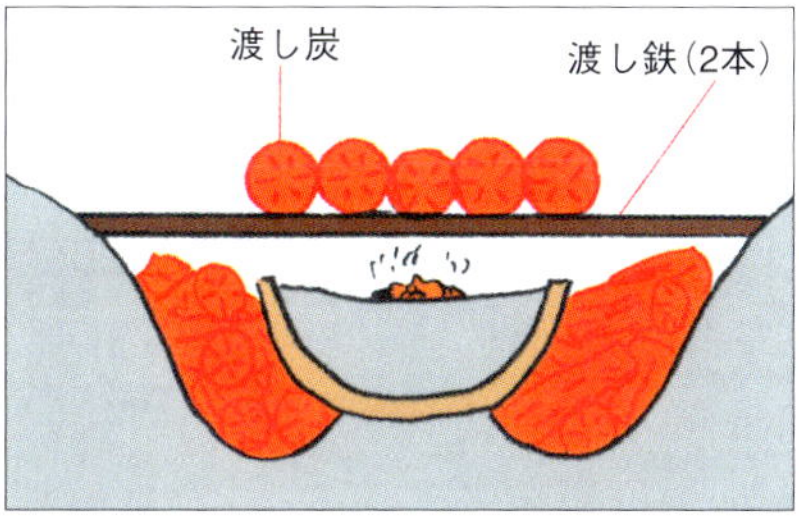

3　るつぼの上に鉄棒を渡して炭を置き、上から加熱すると鉛と金の合金の湯になる

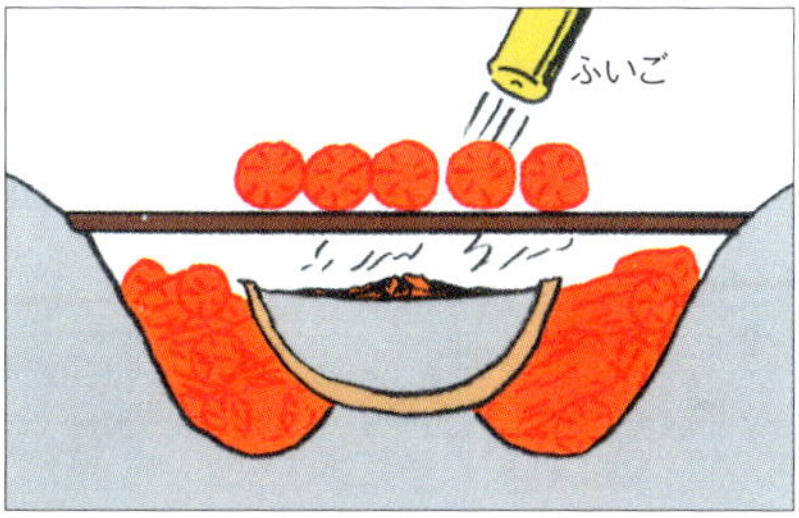

4　この合金の湯面にふいごで空気を吹き付けて鉛や不純物を酸化する

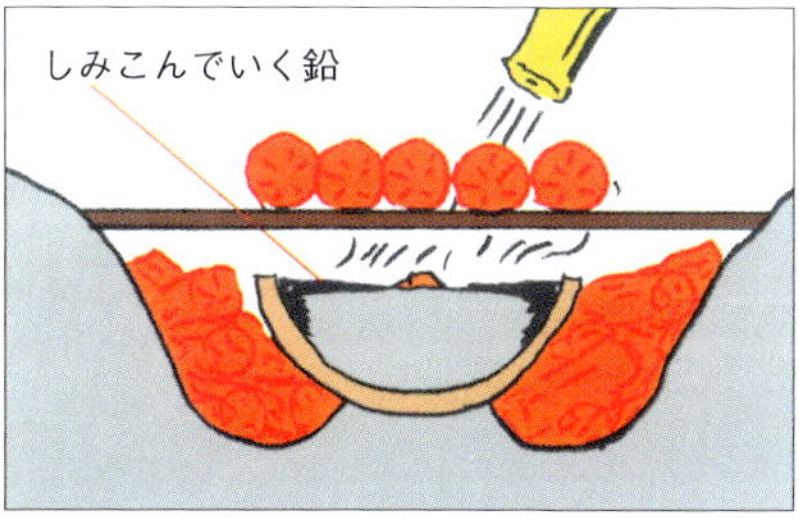

5　酸化した鉛や不純物は湯面に浮き表面張力が小さいので、灰のなかにしみこむ

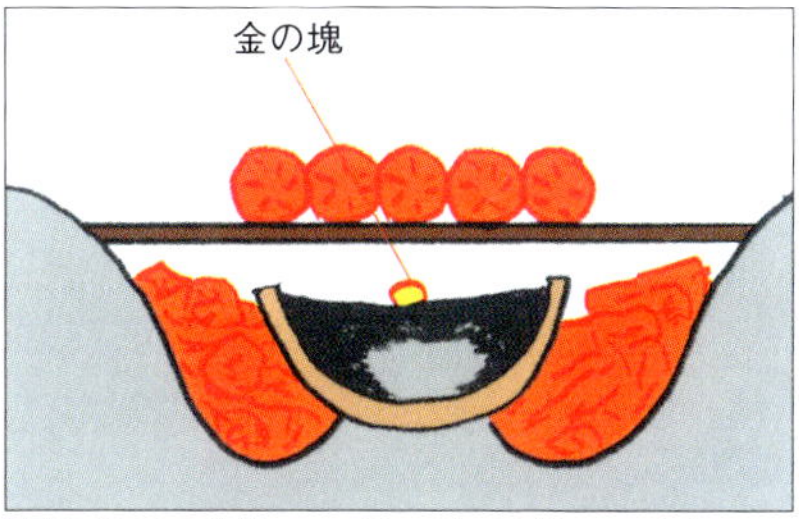

6　鉛や不純物はつぎつぎに酸化して全部灰のなかにしみこんでしまう

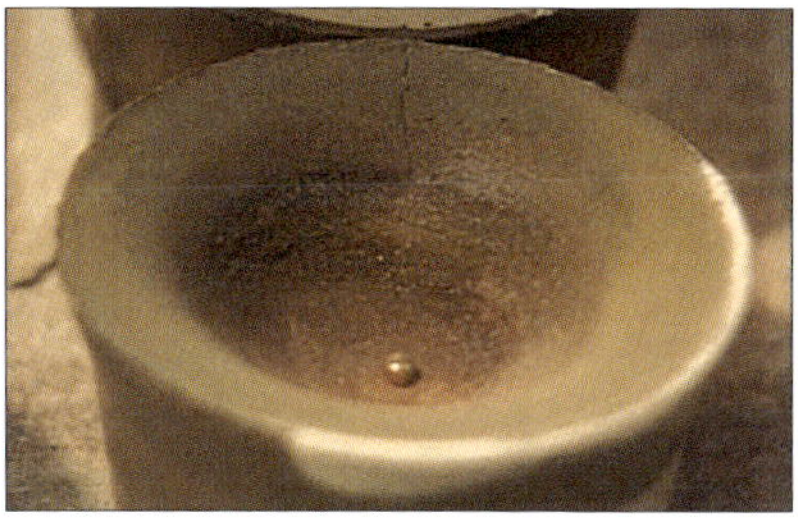

7　金は表面張力が大きく灰にしみこまないので、灰の上に玉状になって残る

8　この金を吹金と称し、これを鍛造したものを甲斐では甲州金とよんだ

図 39 ● **灰吹の原理**
（近年の研究成果では、湯之奥金山で灰吹はおこなわれていないことが明らかになってきた）

〔表面〕

〔裏面〕

図 40 ● **碁石金**（実物大）
おそらく信玄が奉納したとみられる諏訪大社下社秋宮出土のもの。裏面に灰吹による特徴を残している。

黄金の夢を追った問掘り

さて、ひ押し掘りで鉱脈を掘りつくすと、さらに、ひ押し掘りした後の掘間や、新たに「ひ」をさがす目的の「間歩」（坑道）を掘り、鉱脈を追いかける「問掘り」の時代に入る。

湯之奥金山でも、一八世紀以降に、問掘りが何度も試みられた記録が残るが、金や銅などの発見には至っていない。一七八八年（天明八）の堀内粂之丞《くめのじょう》の手の者による中山金山の五本の間歩なども記録どおり中山の南斜面にある。その間歩を観察しても「ひ」をみつけ、採鉱に至った状況は認められない。

2　湯之奥型の鉱山臼

穀臼にヒントがあった湯之奥型挽き臼

以上、山金山の産金法をみてきたが、山金山に欠かせられない道具に、鉱石を粉成す道具、挽き臼がある。この挽き臼には、いくつかの型式と分布のちがいがあることが、これまでの研究で明らかにされてきた。当然のことだが、挽き臼の型式ごとの分布のあり方は、挽き臼の背後にいる金山衆（鉱山技術者）と、金山衆がもつ技術の移動が考えられ、そこに技術の伝播という結果が展望できる。

湯之奥金山に例をみると、初期における道具は磨り臼である。露天掘りの風化鉱石などは磨り臼で十分鉱石をパウダー状に、あるいは粘土状態に加工することができたからである。

しかし、地中深い鉱石を求めるようになると、磨り臼では粉成することができない堅い鉱石となり、技術的には一つの発展段階を迎え、磨り臼に代わる搗き臼や回転式の挽き臼が登場する。

湯之奥金山では、穀臼にヒントをもらったような、供給口が臼中心から脇にずれた特徴をもつ「湯之奥型挽き臼」（図41）がつくられ、使われるようになった。

挽き臼の構造のちがい

それでは、湯之奥型挽き臼の特徴を、同じく戦国期甲斐金山の黒川金山の黒川型、および江戸期に入り出現した定形型と比較しながらみていこう。図42は、三型式の挽き臼の特徴を図化したものである。

挽き臼の仕組みは簡単明瞭に理解できる。上下臼を重ね合わせ磨面をつくる。構造的にはきわめて単純だ。

上臼には磨面へ鉱石を投入する「供給口」が一カ所つけられる。供給された鉱石は、磨面内で満遍なく広がるように上臼磨面には「ものくばり溝」がつけられ

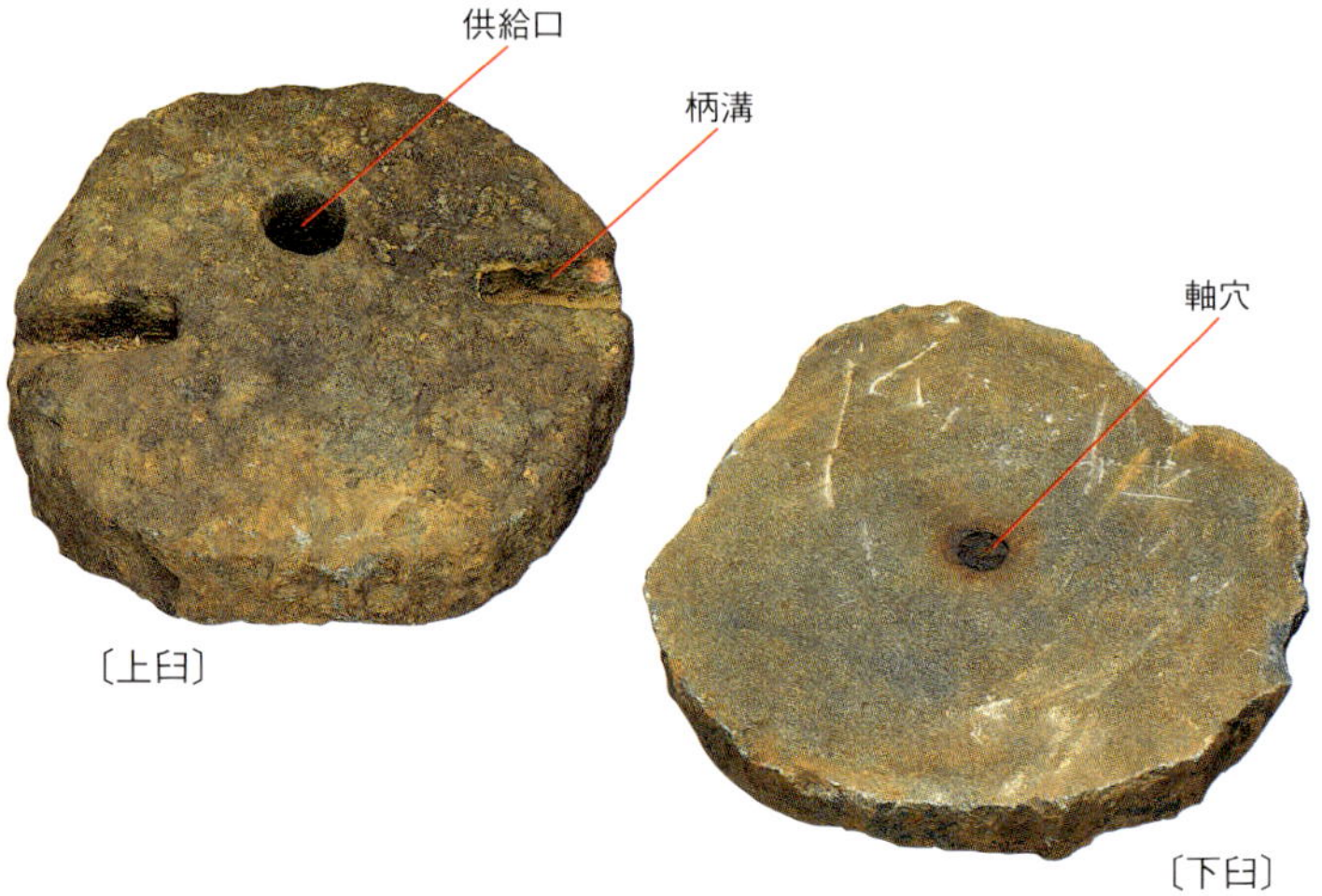

図41 ● 湯之奥型挽き臼
これは湯之奥3金山に集中してみられる型式で、上臼の供給口が中心から外側にずれる特徴がある。

湯之奥型挽き臼

鉱石を落すための供給口が軸受け孔とは別に設けられており、大きさもやや小さい。当時の製粉用穀臼が原型であったのだろう。分布範囲は限定されている。鉱山臼の初期の形態とみられており、使用期間も短い。

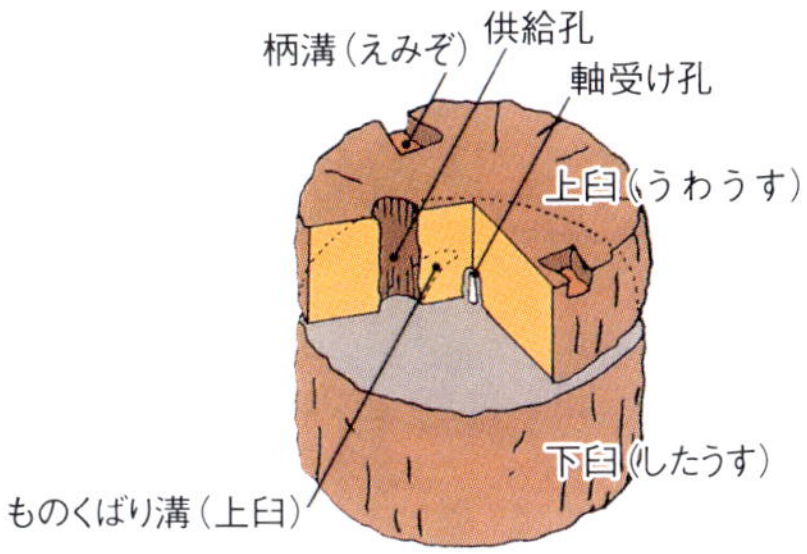

穀臼

定形型挽き臼

上臼中央に設けられた孔の内部に駒木と輪カネとよばれる道具をはめ込み、軸の固定と鉱石の供給を併用している。江戸初期ごろに開発され、全国に普及した。

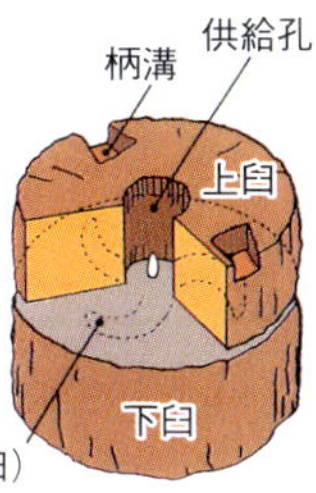

黒川型挽き臼

上臼・下面

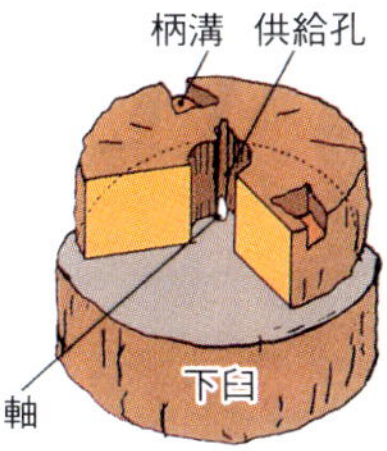

甲州市黒川金山に特有の鉱山臼。上臼中央の軸受け孔を鉱石の供給口にも併用するもので、軸が供給口の内壁に納まる。

図 42 ● 挽き臼の比較

る。鉱山臼には穀臼などにみられる磨面の刻み目はない。

また、上臼を回転させるために必要な柄を固定させるための「柄穴」「柄溝」「タテ柄溝」のいずれかが、必ず上臼にはつけられる。柄穴は、臼の側面に柄をさし込む穴で、そこまで臼が減り磨面が近づくと上面に柄溝をつけかえるケースも時にはみられる。柄溝は臼の表面に一〜三カ所つけられる。黒川金山では四カ所つけられたものもある。

そして上下の臼は、中心部の「軸穴」に鉄製の軸を入れ、磨面を連結させる。

さて、湯之奥型の構造は穀臼に酷似していて、供給口は中心から外側へずらしてつけられている。また調査では、湯之奥型と穀臼が共伴してみられるなど、穀臼にヒントを得て、最初につくられた鉱山臼が湯之奥型成立の根拠としている。

一方、黒川型は供給口を中心にもってきて、軸穴と共用した型式である。このため供給口の磨面側内部に変則的な軸の磨痕が残っているか、あるいは人工的に軸をはさむ溝を最初から供給口内部につけたり、供給口の形を最初から変形させ、その端に軸をはさんだりした痕跡を残す。黒川型の供給口は必ずしも円形ではないという特徴をもつ。使い勝手は一番良い。

さらに江戸期には、臼の形状も大きくなり、中心部の軸穴と共通の供給口に「輪カネ」という回転補助具をはめた定形型挽き臼が出現する。

湯之奥金山での出土例

湯之奥金山では、挽き臼が上臼・下臼あわせて一五七点出土している。磨り臼が二一点なので、圧倒的に挽き臼が多い。関係者の話では、かつてはテラスや金山沢一帯に挽き臼が無数に転がっていたといい、調査時点に残存していたのは一〇パーセント程度ではないかとの証言すらある。かなりの数の鉱山道具が消失したことになる。

そうしたことも関係するのか、出土した一一六点の上臼の型式をみると、ほとんどが定形型（九九点）で、初源的山金山の湯之奥型は八点と数が少ない。

湯之奥型と黒川型の全国伝播のちがい

図43は、湯之奥型と黒川型挽き臼の全国への分布を示す。黒川型が北海道から九州にいたる広範囲に分布しているのに対し、湯之奥型は局地的にしか分布していない。

また、この両タイプの挽き臼が甲斐国内で同時代の金山でありながら、湯之奥金山には

図43 ● 湯之奥型と黒川型の全国伝播
黒川型は全国に分布するが、湯之奥型は局地的、それも複数でみられるところは佐渡・上相川のみである。

黒川型がなく、黒川金山には湯之奥型がないといった、互いに共存しないという顕著な特徴をもつ。これが金山衆一族、石工衆を含めた系統のちがいなのか、産金技術のちがいを意味するものかは、現時点では答えが出せない。

また、両型式の挽き臼を共伴する金山遺跡はこれまで皆無だったが、近年、佐渡・上相川《かみあいかわ》において黒川型や湯之奥型が発見されたことが報告されている。

萩原三雄は、すでに存在が確認されている黒川型を含めて、これをもって甲斐金山を代表する黒川・湯之奥の両鉱山の技術が佐渡へ導入されたことを意味すると、断定はできないが示唆は与えられたとする。

なお、江戸末期に設置された小菅銭座の遺跡（東京都葛飾区）からも、湯之奥型挽き臼が一点みられる（図44）。

図44 ● 小菅銭座の湯之奥型挽き臼
挽き臼は産金地に必要な道具であることからして、駿をかついでもち込まれた可能性がある。

挽き臼の実験

このように挽き臼には、湯之奥型、黒川型、定形型の三形式があるが、湯之奥金山博物館の史跡活用プログラム「おやこ金山探険隊」で、実際に磨り臼と三型式の挽き臼のレプリカを使って粉成作業の実験を毎年おこなっている。使用してみると黒川型の挽き臼の使い勝手が一番いいことがわかる。

黒川型は軸穴が変型しているため、上臼が前後左右に移動しながら回転し、パウダー状になった鉱石が磨面から効率よく満遍なく排出されるなど、機能に優れている。

これにくらべると湯之奥型挽き臼は、完全にパウダー状になる前に排出されてしまう欠点があり、何回か拾い集めてはふたたび供給口に入れ、挽き直す作業が必要となった。

ただし湯之奥型も、磨り臼と併用すると効率はよくなる。湯之奥中山金山では、精錬所のA22テラスにみられたように、磨り臼、挽き臼が共伴する事例があり、両者が併用された可能性は高い。ただし磨り臼の出現は挽き臼に先駆けることには変わりがない。

定形型は、回転させるのに重く、かつ磨面も大きいので、なかなか微粉化された粉が排出されないという欠点がある。また駆動に人力だと負荷がかかりすぎる。

この挽き臼の駆動方法は穀臼を挽くように人力が常識だが、上臼表面に一〜三カ所の柄溝などがつけられた臼の駆動には、どんな方法がとられていたか、まだ解明されていない。

湯之奥金山博物館の展示では、資料分析において、江戸時代後期の岩手県金沢金山の絵巻「金沢御山大盛之図」のなかの、一人の女性が「やりき」という木組みの回転道具をもって動かしている絵を参考に挽き臼の作業を復元しているが、実際には「やりき」での駆動はむずかしい。その駆動方法の解明も今後の課題である。

佐渡金山の金銀絵巻では、「やりき」部分に大の男が二〜三人と、臼近くにも二人の男性が鉱石の供給や駆動などの補助的な仕事をおこなっている姿がみられる。

3　陶磁器にみる湯之奥金山の盛衰

金山の盛衰をうかがえる陶磁器群

第２章でもふれたように、三年間にわたる湯之奥金山の発掘調査では、約一二〇〇点の陶磁器片がテラス群からみつかった。陶磁器は各時代を通じてみられるが、発掘したテラスにかぎっていえば、一五世紀からの遺物を出土したテラスはA20、A22、A23である。次いで一六世紀初頭以降の遺物がみられるテラスがA31、A32、A33、A50、C４だった。

これらテラスの陶磁器出土状況をまとめたものが図45である。

一五〜一六世紀に属する陶磁器点数は、図45以外のテラス出土を含め三四点と少ないが、その初源期から一七世紀末に終焉期を迎えた湯之奥金山の盛衰を、ある程度推測することができるであろう。

中国陶磁器と金山開始年代

採集された陶磁器で型式的にもっとも古いものは、A20テラス出土の中国陶磁の白磁面取り坏《つき》で、一五世紀前半に位置づけられる。つぎは中国陶磁の染付（25ページ、図18参照）で、一五世紀後半から一六世紀前半に多く使われたものである。おそらく一四〇〇年代末には山中に人が入り、初源的な山金採掘と、それにともなう精錬活動がはじまったとみてよい。

	15 世紀～	16 世紀～	17 世紀～	17 ～ 18 世紀	18 世紀～
A20 テラス	15 前半　中国白磁 1 15 後～ 16 代　在地土器 4	16 前半　中国白磁 1 16 代　中国白磁 1 16 後半　中国磁器 2 中国磁器 2 16 後半　瀬戸美濃 1	17 代　瀬戸美濃鉄釉 1 17 末～　瀬戸美濃鉄釉 2 17 末～　瀬戸美濃灰釉 6 17 前半　瀬戸美濃志野 7 17 後半　瀬戸美濃志野 1 17 ～　瀬戸美濃擂鉢 2 17 ～　肥前磁器 2	17 後～ 18 前　肥前磁器 2 17 後～ 18　肥前青緑釉 4 17 代～ 18 代　肥前磁器 4 17 ～ 18　瀬戸美濃灰釉 2	18 前半　肥前磁器 1 18 前半　肥前陶器 1
A22 テラス	15 後～ 16 代　在地土器 3	16 中～ 16 後　中国磁器 1 16 代　中国磁器 1 16 後半　中国磁器 3 (年代不詳)　中国磁器 7 16 後半　瀬戸美濃陶器 4 16 末～ 17 初志戸呂天目 1 16 末～ 17 初志戸呂鉄釉 1	17 代　瀬戸美濃鉄釉 3 17 代　肥前碗 4 17 末～　瀬戸美濃鉄釉 2 17 前　瀬戸美濃織部碗 1 17 前　瀬戸美濃黄瀬戸 1 17 末～　瀬戸美濃灰釉碗 5 17 前　瀬戸美濃志野 6 17 中葉　瀬戸美濃擂鉢 3 17 前半　肥前磁器 2 17 後～　肥前磁器 3 17 以降　瀬戸美濃 2 17 後　瀬戸美濃灰釉皿 3	17 後～ 18 前　肥前磁器 7 17 後～ 18　肥前青磁 9 17 後～ 18 前　肥前菊皿 2 17 ～ 18 前　肥前青緑釉 3 17 代～ 18 代　肥前磁器 5	18 代　肥前磁器 3 18 前　肥前磁器 2 18 代～　肥前磁器 1 18 末～ 19 前　肥前磁器 2 19 代～　瀬戸美濃擂鉢 1 19 代～　陶器土瓶 1
A23 テラス	15 後～ 16 前中国陶磁器 1 15 後～ 16 代　在地土器 3	16 代～　中国陶磁器 1 16 後　中国陶磁器 2	17 前　瀬戸美濃志野 2 17 代～　瀬戸美濃鉄釉 1 17 末　瀬戸美濃向付 1 17 後　瀬戸美濃灰釉碗 1	17末～18初 瀬戸美濃灰釉 1 17 末～ 18 前　肥前磁器 1 17 後～ 18 代　肥前青磁 1	18 前　肥前磁器 1 18 代　波佐見磁器 1
A31 テラス	中国陶磁器 1	16 前　瀬戸美濃 1	17 代　瀬戸美濃鉄釉 1 17 後　瀬戸美濃灰釉皿 1		18 代　波佐見 1
A32 テラス		16 代　常滑 1	17 中葉　肥前碗 1		
A33 テラス		16 末～ 17 初　志戸呂 3	17 前　肥前磁器 1 17 代～　瀬戸美濃 1 17 末～　瀬戸美濃灰釉 1		
A50 テラス		16 代～　常滑 1 16 ～ 瀬戸美濃祖母懐茶壺 1	17 前　瀬戸美濃志野 2		
B5 テラス			17 前　瀬戸美濃志野 2 17 末　瀬戸美濃灰釉 2		
C4 テラス		16 代　中国陶磁器 1	17 前　瀬戸美濃織部碗 2		18 後～　瀬戸美濃擂鉢 2

（数字は破片の数）

図 45 ● 中山金山で出土した陶磁器リスト

瀬戸・美濃系から肥前系への変遷

つぎに瀬戸・美濃系陶器（図46）が一六世紀代からみられ、一七世紀にはかなりのウエイトを占めてくる。一方、肥前系陶磁器（図48）は一七世紀末〜一八世紀前半にピークがみられる。つまり一七世紀の瀬戸・美濃系から、一八世紀には肥前系へと変化が顕著にみられる。その変化の背景にはつぎの要因が考えられる。

次章でくわしくみていくが、一六八六年（貞享三）七月には、間歩主茅小屋村九左衛門が、代官に宛てた、「金山退転文書」といわれる湯之奥村名主・門西家の文書がある（84ページ、図65）。

それによると、一七世紀末には産金活動が終焉し、金山衆（間歩主）や金掘りは山を下っている。それと相前後して、湯之奥（中山・内山・茅小屋）三金山にあった中山村は一六九二年（元禄五）、内山村は一六五〇年（慶安三）、茅小屋村は一六八六年（貞享三）と一六九六年（元禄九）の文書を最後に、門西家文書から村名が消える。

一六八六年（貞享三）の金山衆・金掘りらの退転後は、土地の領有をめぐって混乱が生じるものの、やがて沈静化、湯之奥（中山・内山・茅小屋）三金山は事実上終焉する。

図46 ● 中山金山で出土した瀬戸・美濃系陶器の擂鉢
17世紀代の瀬戸・美濃系陶器の出土が目立つ。生活に密着した擂鉢も目につく。

その後、一七一三年（正徳三）ごろから、かつての繁栄の幻を追って、ふたたび金山への出入りがはじまる。この境こそが、一七世紀の瀬戸・美濃系から一八世紀の肥前系へと変化していく姿の背景としてとらえられるのである。

「湯之奥三千軒」「中山千軒」ともいわれた栄華は終わり、三つの村は湯之奥村へ包括され、以後の金山の動向は、湯之奥村の代々名主だった門西家に残された金山関係文書によってその消長を知ることができる。三金山を総称して湯之奥金山といわれるようになったのは、この時代以降、それも近現代になってからのことと思われる。

図47 ● 中山金山で出土した志野皿
17世紀代の志野なども各テラスから平均的にみられる。

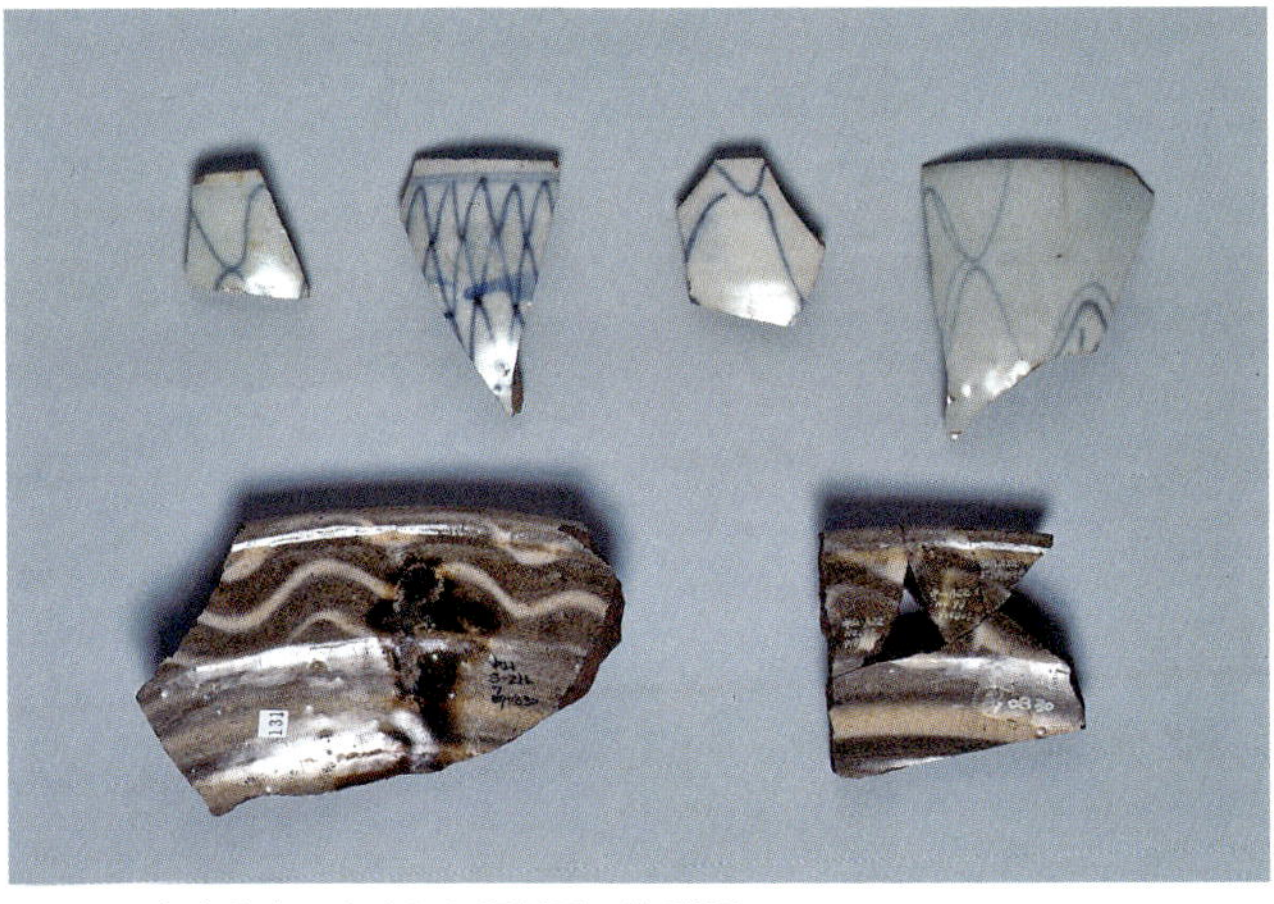

図48 ● 中山金山で出土した肥前系の陶磁器
17世紀末に金山村が廃絶し、やや間をおいて「問掘り」の時代を迎える。瀬戸・美濃系から肥前系へと変化がみられる。

4　金山の暮らしの痕跡

食料はどうしていたか

石製品関係では穀臼（上臼二点〈A9・A23〉、同下臼四点〈A20・A23・C4・金山沢〉）がみつかった。穀臼は初期の湯之奥型挽き臼のモデルになったとされるが、同時に穀臼本来の「食」にかかわる道具として使われた可能性がある。

鉱山臼にはない磨面の刻目を観察しても、鉱石を粉成した様子がないところから、穀類を挽く目的であったと思われるが、一二四カ所のテラスのどこに生活を支えるための畑があったかは、まだ謎のままである。

「中山千軒」といわれた時代、鉱山で働く人びとの食料はどのように賄われていたのだろうか。

一五三四年（天文三）に今川寿桂尼《じゅけいに》が、湯之奥金山と鉱脈が同じで、地蔵峠を越えてすぐの駿河側の富士（麓）金山へ上げる荷物、毎月馬五頭で六回を許可した文書や、一五六八年（永禄一一）に河内領の領主穴山信君が「中山之郷」（中山金山）へ出入りの荷物について河内地方（富士川流域）の番所の自由な通行を認めた文書の存在からすると、穀類などは基本的に下から上げていた可能性もある。

しかし、日常的な野菜や鶏、豚、山羊などのタンパク源は飼育していた可能性があるが、調査では、まだその事実は確認できていない。

銭と碁石

鉱山道具・陶磁器以外の遺物は、銭貨が表面採集を含め八点（七点が銅製、一点が鉄製）、唐代に初鋳された開元通宝（C４）や皇宋通宝（A23）、元豊通宝などの中国（北宋）から渡来した渡来銭が各一点（E８）、それに一六五六年（明暦二）に鋳造された古寛永といわれる寛永通宝四点（A33、E８、A41、精錬場）がみつかった（図49）。うち一点は一七三九年（元文四）以降に鋳造されたという鉄製の新寛永通宝（C４）だった。

また、出土遺物のなかにみられる碁石（図50）は、白黒二七点が採集された。白は磁器破片を丸く加工してあり、黒は黒色粘板岩が多用されていた。その多くはA33テラスからで、二〇点出土している。A22からは四点、C４から二点、不明一点だった。ある時期、碁石に興ずる人たちが、その三つのテラスを行き来した姿が連想できよう。

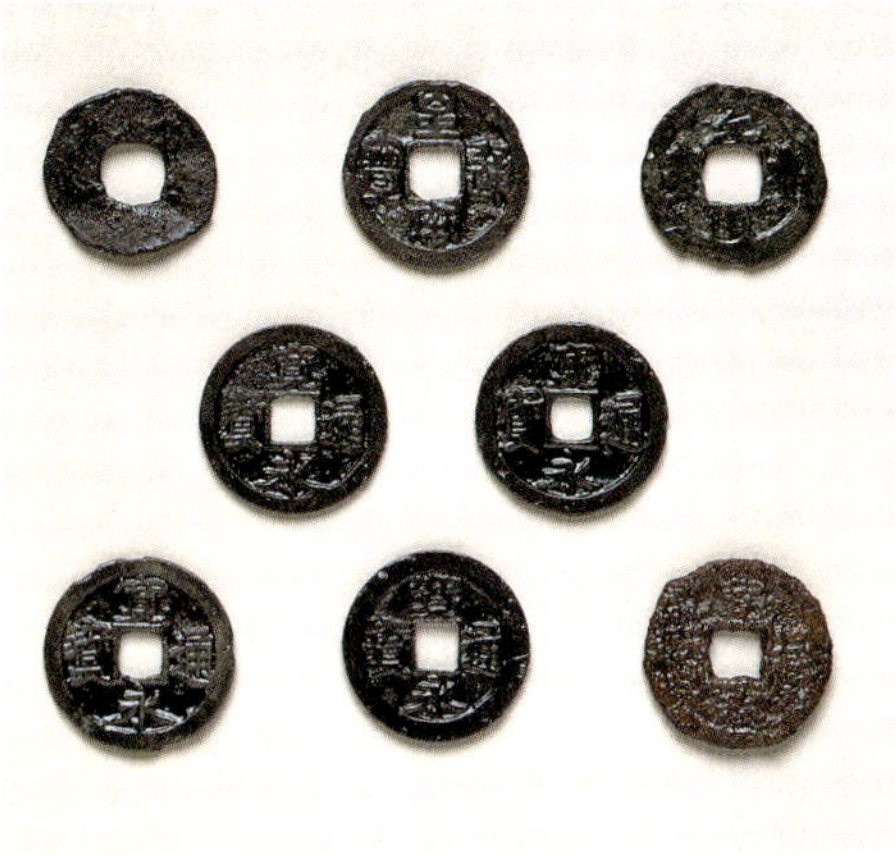

図49 ● 中山金山で出土した銭貨
7世紀唐代初鋳の開元通宝、11世紀北宋の皇宋通宝・元豊通宝、17世紀の古寛永、18世紀の新寛永がみられる。

図50 ● 中山金山で出土した碁石
多くはA33テラスから出土。第２章でふれたが、地位ある人の居住地とみられる。

第4章　武田氏の興亡と金山の盛衰

1　金鉱脈と金山衆

武田領内の金山群

戦国大名の雄・武田氏は、一五四一年（天文一〇）に、晴信《はるのぶ》（信玄）が父信虎《のぶとら》を駿河に追放して甲斐国の国主となって以降、周辺の国々をつぎつぎに支配下におさめていった。信玄が没した一五七三年（天正元）ごろに領地は最大になり、信濃・駿河と上野・飛騨・美濃・三河の一部も領有した。

こうした勢力拡大の背景には、積極的な金山の振興があった。戦国期における武田氏の最大版図内の金山分布は図51のとおりである。その多くは山梨県（甲斐国）内に集中し、また愛知県津具金山《つぐきんざん》以外は、すべて山梨県に隣接した地域で確認できる。

そしてこの金山の分布は、図52のように、中部地方における金鉱床の分布と重なっている。

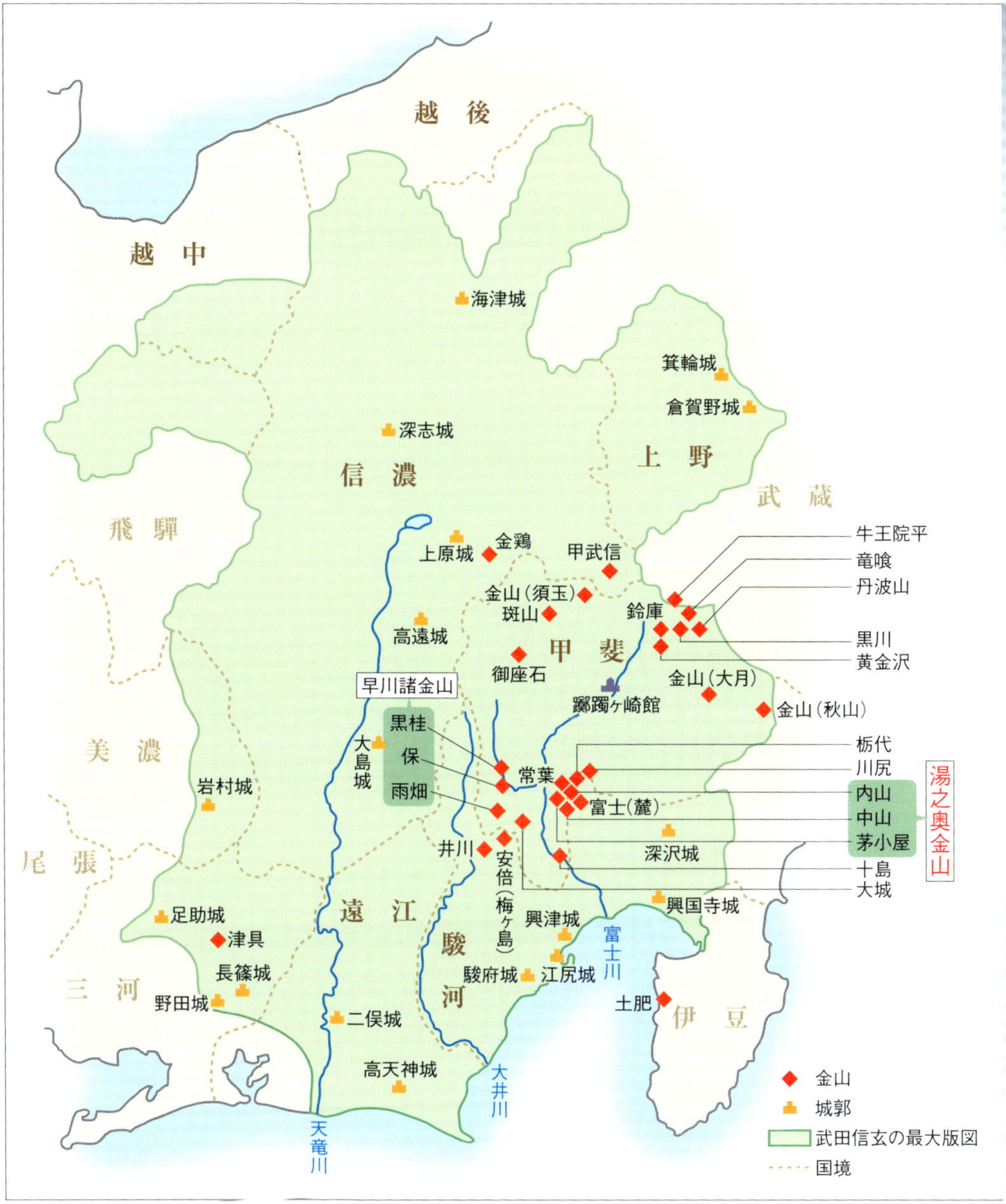

図 51 ● **武田氏の最大版図と領内の金山分布**
金山分布をみると、甲斐国に集中している。豊かな金から、信玄によって碁石金などが生み出された。

金鉱床の成り立ち

この地域で一番古い岩石は図52の■色の部分で、何億年も前に海底に堆積した泥や砂が固まった堆積岩と、それから変化した変成岩で構成された一帯である（四万十累層群《しまんとるいそうぐん》と三波川《さんばがわ》変成岩）。■色の部分は、およそ一〇〇〇万年前に海底で噴火した火山の溶岩や火山灰と泥岩で構成された地帯を示す。

これらの岩盤に、数百万年前にマグマが貫入して地下数千メートルのところで固まり、花崗岩になったところが□色の一帯である。湯之奥金山や黒川金山の金鉱床は、この□色の花崗岩と密接な関係をもつ。

さらに説明を加えるなら、この花崗岩が熱源となり、その熱水で地下水が循環し、それがマグマ由来の金を運び、割れ目に金の鉱脈をつくった、ということになる。

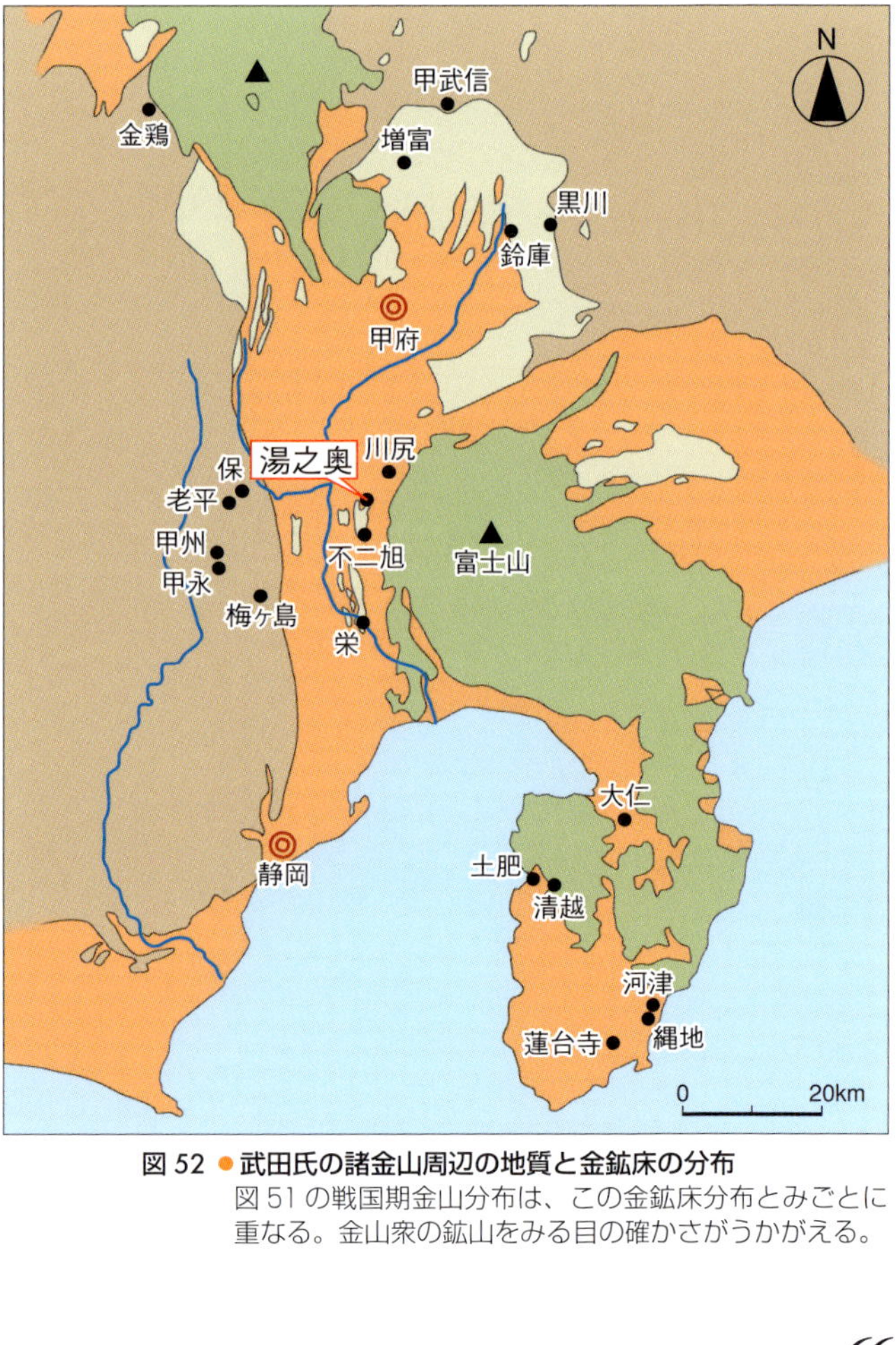

図52 ● 武田氏の諸金山周辺の地質と金鉱床の分布
図51の戦国期金山分布は、この金鉱床分布とみごとに重なる。金山衆の鉱山をみる目の確かさがうかがえる。

このように一六世紀初頭における金山衆が開発した金山群と、現代の鉱床学という体系化された地質学の一分野から分析した金鉱床の分布が重なるということは、金山衆の鉱山をみる目の確かさを裏づけるもの、と井澤英二九州大学名誉教授はいう。

また、中山・内山・茅小屋の湯之奥三金山や富士（麓）金山、黒川金山はよく似た鉱脈をもっており、金山衆はどこへ行けば鉱脈をみつけることができるか、十分理解していたとみる。そして金が含有されている部分についての知識・観察力（図53）が当然あったからこそ、これだけの金山開発が可能だった。

図53 ● 金のありかを教える金山草
オニシダを金山草ともよぶ。45ページ、図32でもみられるように、金のあるところを好み群生する。

2　戦国期・武田氏の諸金山

これらの金山の多くは未調査のため、すべてが戦国期金山といえる段階にはないが、湯之奥金山のほかに明らかに戦国期金山といえるおもな金山を概観してみたい。

黒川金山

甲州市北部、黒川鶏冠山《くろかわけいかんざん》（標高一七一〇メートル）東部一帯に広がる山梨県下最大規模の金山で、東京都の水道涵養林のなかにある。一九八六年から四カ年、黒川金山遺跡研究会による総合学術調査がおこなわれ、黒川谷一帯に上下六〇〇メートル、最大幅三〇〇メートルにおよぶ鉱山遺跡の全容が明らかにされた。

テラスは二九〇を数える。鉱山道具、陶磁器類も調査で多数発見され、とくに瀬戸・美濃の焼物（大窯《おおがま》一期）の存在は、遅くとも一六世紀の第1四半期には操業がおこなわれていたことを示している。

鉱山道具では、挽き臼より磨り臼のウエイトが高いことがうかがえるが、報告書に「露岩の下の比較的掘りやすい場所を試掘した感じ」とあるように、花崗岩が風化して、磨り臼で十分粉成せる「まさど」化した、やわらかな風化鉱石を露天掘りしたと考えられる（図54）。

図54 ● 黒川金山の坑道跡
初源期には花崗岩が風化し「まさど」化した鉱石を露天掘りした時代があったものと思われる。

牛王院平金山《ごおういんだいらきんざん》

甲州市一ノ瀬《いちのせ》高橋《たかはし》の将監《しょうげん》峠（標高一七九〇メートル）付近から奥秩父山地の一角、甲武国境の山梨、埼玉両県にまたがった荒川最上流域の井戸沢を中心に、生活域や作業域のテラス群が広がっている。牛王院平とよばれる平原一帯に無数の露天掘り跡が認められる。鉱山道具の挽き臼も確認されている。埼玉県側には股の沢金山がある。

竜喰金山《りゅうばみきんざん》

甲州市二之瀬《にのせ》竜喰谷《りゅうばみだに》（標高一一五〇メートル）付近にある。丹波山《たばやま》との境界にある竜喰谷とよばれる急流付近のやせ尾根や山腹に、不整形で小さな坑道が開けられている。雛壇状に居住や作業のためのテラスがみられる。江戸中期の一七二五年（享保一〇）の「河東十か村名主衆等連署状写」に「黒河・龍さみ・午王円」と並記されるように、黒川金山同様、江戸前期まで産金活動があったと推定される。

丹波山金山《たばやまきんざん》

丹波山村南西部の舟越山《ふなこしやま》（標高一〇二一メートル）、サカリ山（標高一五四二メートル）と芦沢山（標高一二七一メートル）一帯にある舟越金山遺跡と、丹波川の河岸段丘沿いの源太川《げんたがわ》遺跡、不動滝遺跡、半谷川《はんやがわ》遺跡などの砂金採掘遺跡をまとめて、丹波山金山遺跡とよんでいる。二〇〇二年から二年間、丹波山金山遺跡学術調査団による調査がおこなわれた。一五九四年（文禄三）の浅野氏文書に「丹波山のうち山河芝間、黄金前々のごとく掘るべきこと」と黄金採掘許可が出されている。「前々のごとく」とあり、浅野氏支配以前から産金活動があったこ段丘での産金）による産金形態があったことを意味する。

とがわかる。また「山河芝間」は「山金」（鉱石からの産金）、「川金」（砂金）、「芝金」（河岸

秋山金山金山《あきやまかなやまきんざん》

上野原市秋山金山字奥山の高塚山（標高七三三メートル）と、金山峠《かなやま》にはさまれた金山川《かなやまがわ》流域を中心に、渓谷から山腹周辺一帯に点々と露天掘り跡が分布するのが秋山金山である。伝承によると、採掘の開始時期は、応永年間（一三九四～一四二八）までさかのぼり、南朝の遺臣星野正実が開発したとして「星野金山」ともよばれる。

一九九六～九九年には、砂防堰堤工事のため山梨県教育委員会の事前調査が入り、磨り臼数点と湯之奥型挽き臼状の半製品二点が発見された。

大月金山金山《おおつきかなやまきんざん》

大月市賑岡《にぎおか》町奥山の浅利川支流・金場川中心にみられる。坑道跡や鉱山道具である磨り臼、黒川型挽き臼が多数現存する。「甲斐国志」には中村金山衆として五名の人物が登場し、寛永年間（一六二四～一六四四）には「中村金場」ともよばれていた。同市強瀬《こわぜ》の中村家には、金山衆にかかわる一五七一年（元亀二）の武田氏発給文書が伝わっている。

黒川の金山衆である中村家、「中村金場」、黒川型挽き臼は、黒川金山との系譜を考えるうえでも注目される。

早川の諸金山

早川町には早川右岸に保金山《ほきんざん》、黒桂金山《つづらきんざん》、西之宮金山《にしのみやきんざん》、雨畑川《あめはたがわ》上流に奥沢《おくさわ》（老平《おいだいら》）金山《きんざん》、遠沢金山《えんざわきんざん》など二〇カ所以上の金山が分布する。南部フォッサマグナ地域の巨摩山地・瀬戸川層群にはさまる金鉱脈で、静岡市安倍金山《あべきんざん》・井川金山《いかわきんざん》にまで連なっている。

一五三四年（天文三）の河内領主・穴山信友文書には黒桂・保金山にかかわる記述があり、また江戸時代初期には西之宮金山・奥沢金山・吉水金山・遠沢金山が、幕府領代官支配のもと佐野家の金掘りによって操業されるなど、一七世紀には最盛期を迎えていたとみられる。

ただし山金採掘の遺構や、鉱石を粉成す道具がないことから、砂金、芝金を主体に採掘した可能性もあるが、奥沢（老平）では「ひ押し掘り」跡もみられる（図55）。

十島金山《とおしまきんざん》

南部町十島から静岡県芝川町《しばかわちょう》に展開する金山。標高五〇〇メートルの通称金山にある。沢の右岸に、きれいに区画されたテラスがだんだんに連なる。墓域もみられる。通称「とくちば」とよばれる地点には露天掘り跡がある。

図55 ●奥沢金山（早川の諸金山）の坑道跡
鉱石を粉成す鉱山道具はみられないが、
「ひ押し掘り」跡は残されている。

鉱山道具には、湯之奥型挽き臼と定形型挽き臼が採集され、教育委員会に保管されている。同金山の湯之奥型挽き臼（図56）は、駆動のための柄を入れる溝が、一般的な「柄穴」「柄溝」でなく、臼の脇に縦に溝を入れた「たて柄溝」のたがタイプ。同型式は中山に一点、内山に一点、小菅銭座に一点、土肥金山に一点みられる。

富士《ふじ》（麓《ふもと》）金山《きんざん》

湯之奥金山とはもっとも関係が深い金山で、毛無山へ向かう地蔵峠をはさんで、中山金山の反対側の東に位置する。

一五三四年（天文三）、駿河国の今川寿桂尼は、大田神五郎に富士（麓）金山へ上げる荷物、毎月五駄六度（五頭の馬に荷物を積んで六回）運んでよいという許可を与えている。これ以外の者は甲駿国境なので通行すると成敗するというもので、この時期すでに湯之奥三金山にも駿河国富士郡からの金山衆が入っていたとみられる。

一五六九年（永禄一二）、この一帯を武田氏が領有すると穴山氏の支配がおよび、一五七七年（天正五）には、穴山信君から竹河肥後守に麓金山の掘間などが安堵されている。湯之奥金山とは同時代金山という見方ができる。

図 56 ● **十島金山の湯之奥型挽き臼**
湯之奥型だが、「たて柄溝」たがタイプ。内山、土肥（図 57）、小菅銭座（図 44）と同タイプ。

土肥金山《といきんざん》

伊豆半島の土肥金山は、一五七七年（天正五）に開発されている。近隣には一五九八年（慶長三）に開発された縄地金山《なわちきんざん》や瓜生野金山《うりゅうのきんざん》、湯ヶ島金山《ゆがしまきんざん》などがみられる。土肥金山からも湯之奥型挽き臼一点が確認できているが（図57）、これも十島金山でみられる「たて柄溝」たがタイプである。

江戸期には、甲斐国出身の大久保長安《ながやす》が金山奉行をつとめた金山である。

安倍《あべ》（梅ヶ島《うめがしま》）金山《きんざん》

静岡市梅ヶ島の安倍川源流の日影沢《ひかげさわ》にある。一五一八年（永正一五）八月一五日の「宗長手記」には、「今川氏親《うじちか》、大河内貞綱《さだつな》らの籠った城の井戸を安倍金山の金山衆をして掘り崩させる」とあり、その時代に操業していたことを裏付ける。

安倍金山からは鉱石を粉成す挽き臼はないが、津具金山や黒川金山、湯之奥金山などにみられる古式の磨り臼（両面磨り）が存在し（図58）、風化鉱石か粘土鉱などからの産金が考えられる。鉱床学的には風化鉱石も鉱石なので、山金採掘金山として位置づけられる。

図 57 ● **土肥金山の湯之奥型挽き臼**
数少ないたがタイプの湯之奥型である。局地的に分布するが、点数も１点と少ない。

井川金山《いかわきんざん》

静岡市井川にある。安倍金山に隣接した大井川上流域一帯に展開する。金山の中心域は井川よりさらに深い笹山《ささやま》（篠山）金山《きんざん》とみられる。鉱脈は早川諸金山、安倍金山と同じと思われる。大井川の河岸段丘上の芝金採掘跡が、桂山、金場平、九両峰などにみられる。

甲武信金山《こぶしきんざん》

長野県南佐久郡川上村の川端下《かわはげ》と梓山《あずさやま》にある。長峰《ながみね》（標高二〇六五メートル）の山頂から山腹にかけて、石灰岩中の鉱床に数十の坑道と露天掘り跡、テラスが広がっている。戦国時代から産金がはじまり、天正年間には三六万両もの産金があったと伝えられる。川端下千軒とか梓山千軒の地名や山の神がある。梓川沿いのテラスからは、古式の磨り臼や挽き臼が発見されている。

金鶏金山《きんけいきんざん》

長野県茅野市金沢の金鶏山の中腹（標高一二〇〇メートル）にある。釜無《かまなし》山地の三波川帯《さんばがわたい》黒《くろ》

図 58 ● 安倍（梅ヶ島）金山の古式の磨り臼
古い様相をもつ磨り臼が複数残されている。
形状は津具金山の磨り臼に似ている。

川層《かわそう》結晶《けっしょう》片岩《へんがん》中の石英脈に含まれる金鉱が採掘された。

戦国期武田氏の時代に開発され、青柳金山《あおやぎきんざん》とか金沢金山ともよばれた。「つるし掘り」といわれる露天掘り跡が一〇〇余カ所あり（図59）、また武田坑、鶴坑、亀坑とよばれる坑道がある。土塁、テラス、焼き窯などの遺構と挽き臼がみられる。

津具金山《つぐきんざん》

愛知県北設楽《きたしたら》郡設楽町津具《つぐ》にある。当地の渡辺家には、武田氏発給文書や織田信長の天下布武朱印状など、数点の金山関係文書が伝来されている。なかには武田氏が依田兵部丞《よだひょうぶのじょう》に対し、城攻めや城請への参加を条件に諸役を免除した朱印状が含まれている。これは黒川の金山衆へ宛てた諸役免除の文書に共通しており、武田氏とのかかわりが濃厚な金山であることがわかる。

また一五八二年（天正一〇）三月の天下布武の

図59 ● **金鶏金山の露天掘り跡**
「つるし掘り」とよばれる露天掘り跡が
100余カ所残されている。

信長文書は、武田氏滅亡を知った津具金山の金掘りが信州方面へ逃げてしまったのか、金掘りをよび戻す書状で、即刻、武田氏から織田信長へ津具金山の支配が移行した様子がうかがえる。

この津具金山では、安倍金山と同型の古式の磨り臼がみられる。また安倍金山同様に挽き臼はみられない。粘土状の鉱石であるから、磨り臼で十分だという説明が伝えられる。また坑道には「信玄坑」の名称がつけられている。

武田領内の諸金山の鉱山道具

図60は、武田領内の諸金山において確認できる鉱山道具の一覧表である。道具の有無がそれぞれの金山遺跡の「産金形態」と密接に関係していることがわかる。

ただし、金山遺跡に考古学調査が入った事例は、黒川金山、湯之奥中山金山、秋山金山、丹波山金山などとまだ少なく、金山全体を語るには資料的にもきわめて不十分な状態にある。そのため、市町村誌（史）、関係書籍、関係論文などの掲載資料、博物館・資料館・学校・公民館などの施設に収蔵されている現物資料、金山にかかわってきた個人や個人所蔵の道具、そして郷土史研究家などの情報をもとに「◎＝出土品、○＝伝世品、□＝伝承あり」の三つの情報でまとめた。
◎の出土品もすべてが学術調査ではないが、出土地が明確でかつ信頼性があるものを含んでいる。疑問があるものは○で扱い、□は現物は消失しているが、昔はあったという伝承を記録した。なお、道具の型式や編年をまったく考慮していない。この点はこれからの課題である。

用途	所在地	旧下部町（身延町）						早川町			南部町	身延町	静岡市		富士宮市	旧塩山市（甲州市）					丹波山村	大月市	秋山村	北杜市		韮崎市	川上村	茅野市	津具村	土肥町	新潟県
	道具名 ＼ 金山名	中山	内山	茅小屋	常葉	栃代	川尻	保	雨畑	黒桂	十島	大城	井川	安倍	富士（麓）	黒川	竜喰	黄金沢	鈴庫	牛王院平	丹波山	大月金山	秋山金山	須玉	斑山	御座石	甲武信	金鶏	津具	土肥	黄金山
砂金（柴金）の道具	かっちゃ							○	○			○	○								○										
	かます						□																								
	背負いかご											○																	○		
	ネコザ							○	○			○	○								○								○		
	ネコ流し具																														
おもに山金の道具（＊印は砂金具と共通）	つち	◎																									◎				
	たがね	◎																									◎				
	矢																														
	釣ともし																														
	燈明皿																														
	丸木はしご																							◎							
	汰り板（盆）＊								○			○	○	○														○	◎		
	セリ板＊	○																													
	フネ	○																													
	磨り臼・磨り石	◎		◎										○		◎					◎	◎	◎				◎		◎	◎	
	挽き臼	◎	◎	◎	◎	◎	◎				◎				○	◎				◎	◎	◎	□	◎			◎	○		◎	○
	叩き石	◎																													
	搗き臼・搗き石	◎												○																	◎
	るつぼ＊	◎							○				◎			◎													○		◎
	やっとこ＊	◎																					○								
	はかり＊								○														○						○		
生活にかかわる資料	陶器	◎	◎													◎				○								◎		◎	
	磁器	◎	◎													◎				○				○						◎	
	銅銭	◎														◎															
	銅製品（生活具）	◎														◎															
	娯楽（碁石）	◎																													◎
	板碑、祠	◎	□	◎		□	□							◎		◎															◎
	一字一石経石		□											◎		◎							◎								
	鉄製鉱石粉砕具								○							◎							○						○		

（土肥、黄金山は参考）

図 60 ● 武田領内諸金山の鉱山道具リスト
◎＝出土品、○＝伝世品、□＝伝承あり

さて、図60では、二本の赤い横線で上段、中段、下段に区切ってある。上段はおもに「砂金」の採掘・産金の道具、中段は鉱石対応の「山金」の採掘・産金の道具（＊印があるものは砂金に共通する道具）、下段はおもに生活にかかわる資料で、金山にかかわった人の暮らしや信仰などを知る手がかりとなるもの、最下段の鉄製鉱石粉砕具は昭和の遺物である。

表の中央に「磨り臼・磨り石」「挽き臼」の欄がある。横一列に目を転じると、◎印が比較的多くみられる。これらの金山は遺跡現場から磨り臼・磨り石・挽き臼などが確認されているということで、鉱石を粉成す作業をしていた金山である。

一方、一六世紀前半から金山文書が残る早川の諸金山では、これまで鉱石を粉成す鉱山道具の発見が一例もみられない。現地調査で関係者の聞き取りをしても、挽き臼や磨り臼を過去にみたことがないという結果に終わっている。この道具のあり方からすれば、早川の諸金山は砂金採掘による産金の可能性が強いということになる。

しかし、雨畑湖から奥沢に入ったところにある雨畑金山の一つ、老平金山遺跡の現地踏査をおこなったところ、川底にみられた巨岩には、熱水鉱床でみられる石英の筋があり、その延長線上には「ひ押し掘り」とみられる間歩があけられている（71ページ、図55参照）ことや、少し下流域には川に沿って三、四段のテラス群があることがわかった。

金山草とよばれるオニシダもみられ、段をつくっている石垣のなかに、鉱山道具が隠れていないか観察も試みてみた。やがては鉱山道具の発見の可能性が残されている。

また近年、砂金探査同好会が、早川入りの河川や、身延町の大城川や下部川などで砂金探査をおこない、小粒ながら砂金採集ができている。雨畑湖周辺の人たちも、かつては積極的に砂金採集をおこなっていたという証言と、砂金具をもっている家庭を多く見受ける。こうした産金活動のあり方が、この鉱山道具一覧表からもある程度読みとることができる。

発掘調査を含む総合調査がおこなわれた中山金山や黒川金山からは出土した資料も多く、ほかの諸金山でも調査の必要性が痛感される。

3　文書にみる湯之奥金山の盛衰

中山金山への自由な通行

以上、武田領内の諸金山をみてきた。つぎに文書史料を用いて、武田氏の興亡の過程で、湯之奥金山および金山衆がどのような盛衰をたどったのかをみていこう（図61）。

さきほど富士（麓）金山の項でみたように、一五三四年（天文三）五月二五日、今川義元《よしもと》の母であり、当時今川氏の実権をにぎっていた寿桂尼《じゅけいに》は、大田神五郎に富士（麓）金山へ荷物を運ぶ許可を与えている。これ以外の者は甲駿国境なので通行すると成敗するというもので、甲駿国境の通行を厳しく取り締まるとともに、金山経営を重視していたことがわかる。

その後、武田氏の支配が強まった一五六八年（永禄一一）一一月二七日には、武田氏の重臣、河内領主・穴山信君（梅雪）が、河内諸役所中にあてた文書で、「中山の郷（中山金山）へ出入りする荷物について、重ねて下知をするまで、異議なく勘過すべきものなり」という通行手

露天掘り・ひ押し掘りの時代	1534年（天文3）	今川寿桂尼、大田神五郎に富士金山へ上げる荷物５駄毎月６回認める（＊）
	1541年（天文10）	武田晴信（後の信玄）、父の信虎を追放。甲斐の国主となる
	1568年（永禄11）11月27日	穴山信君、「中山之郷」（中山金山）へ出入りする物資について、河内地方（富士川流域）の番所の自由な通行を認める（＊）
	1571年（元亀2）正月	武田信玄、北条氏康の属城・駿河深沢城（静岡県御殿場市）を攻める。中山の金山衆、これに参加する
	同2月13日	武田信玄、中山の金山衆10人に、深沢城における戦功に対する褒美として籾150俵を与える（＊）
	1573年（天正1）	武田信玄、病没。子の勝頼が跡を継ぐ
	1582年（天正10）	武田勝頼、天目山（甲州市大和村）で自害する。武田氏滅亡
↓	1583年（天正11）3月14日	穴山勝千代、中山の金山衆・河口六左衛門尉の所有する掘間（後の間歩）にかかる諸税を免除する（＊）
	1600年（慶長5）	関ヶ原合戦
間歩（間歩主）時代	1602年（慶長7）4月19日	駿河代官井出正次、中山の金山衆の間歩・間歩主を確認。中山金山の掘間が16本記録される
	1603年（慶長8）	徳川家康、将軍となり江戸に幕府を開く
	1650年（慶安3）	内山金山の間歩の採掘権をめぐり、内山の市郎右衛門、中山の武兵衛らの不当を訴える
↓	1665年（寛文5）	茅小屋・内山両金山の間歩が盛る
問掘り時代へ	1686年（貞享3）	茅小屋・内山両金山では金が産出せず、多くの金掘りが山を下る
	1691年（元禄4）	湯之奥村の百姓による開墾が金山の領分に及ぶ。茅小屋の九左衛門、内山の市郎右衛門、不当を代官へ訴えるが、敗訴する
	～この頃から～	中山の金掘りも山を下り、間歩に対してかかる税を常葉村が負担する。このため、湯之奥・常葉の両村が金山の領有をめぐり、しばしば争う
	1713年（正徳3）	金掘りが湯之奥村の「ほうきあら山」で問掘り（試掘）を試みるが、金や銅は産出せず

図 61 ● **湯之奥金山関連年表**

＊印は駿河国富士郡大宮北山村の市郎右衛門が所有していた文書の判物証文写。

形を与えている。

第2・3章でみたように、このころは露天掘り・ひ押し掘りによる産金が盛んにおこなわれていた時期である。関連する産金遺構・遺物に対し、食料の生産など日常生活にかかわる遺物が少なく、山中は産金に特化し、日常生活にかかわる物資は移入していたことが、こうした文書からうかがうことができる。

金山衆の戦闘への参加

武田信玄は一五六九年（永禄一二）、駿河に侵攻して領有し、今川氏滅亡後は北条氏康と敵対する。そして北条氏にいったん奪われた駿河の深沢城を、一五七一年（元亀二）一月に奪い返した。

この城攻めには金山衆も参加しており、その後の二月一三日に、中山の金山衆一〇人に対して、深沢城攻めの戦いに奉公（参戦）した間の褒美が与えられた（図62）。その内容は、甲州において籾子一五〇俵を与えるというものであった。

同じく深沢城の城攻めに参戦した黒川金山の金山衆七名にも、同日付けで褒美が与えられたが、その内容は中

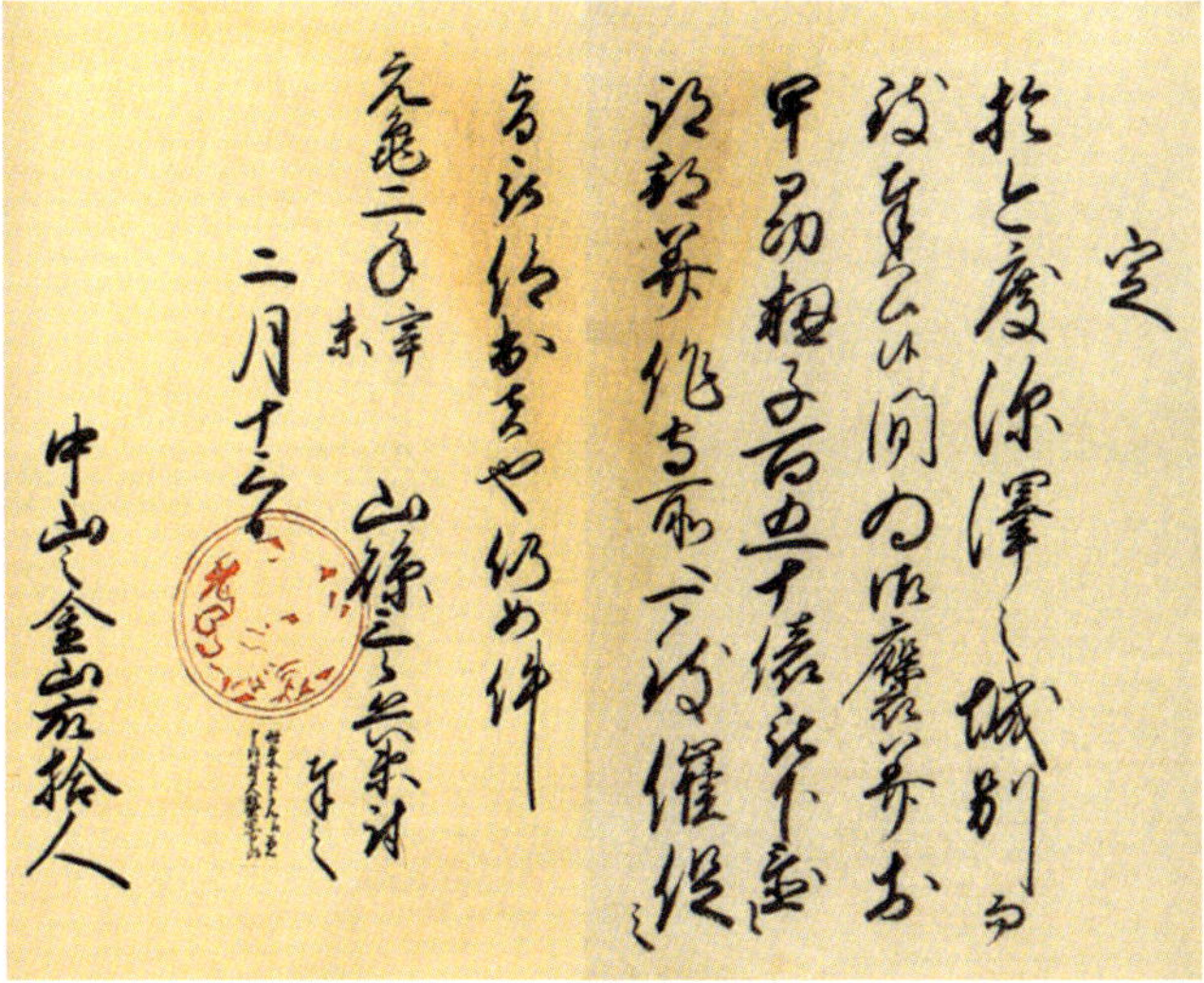

図 62 ● 中山金山の金山衆へ褒美の武田家朱印状
深沢城攻めで中山の金山衆 10 人に与えられた褒美。
甲州において籾子 150 俵を与えるという内容。

山の金山衆に出されたものとずいぶん異なり手厚い（図63）。黒川の金山衆田辺四郎左衛門尉宛の内容は四箇条の特許状で、①馬一頭分の税免除、②一軒分の税免除、③今後侍と同様に検地のために田畑に立ち入らないという特許、④さらには今後人足普請に携わらなくてよいというもので、七名に与えられた。この朱印状、信玄亡き後は勝頼から、勝頼亡き後は家康から追認状が出ているが、その人数は増えていく。

中山と黒川の文書のちがいは、中山の金山衆の出身地が駿河国旧富士郡大宮北山村方面で、菩提寺は北山本門寺（日蓮宗）だということから、信玄といえど他国の人間に黒川のような特許状は与えられなかったと読む。

武田氏の滅亡と湯之奥金山

一五八二年（天正一〇）、天目山で勝頼が自害し、武田氏は滅亡した。武田氏の諸金山では、津具金山のように金掘りが逃げてしまう事例もあったが、織田氏・徳川氏が従来の金山経営を追認する朱印状を発給し、金山支配が移行していったようだ。

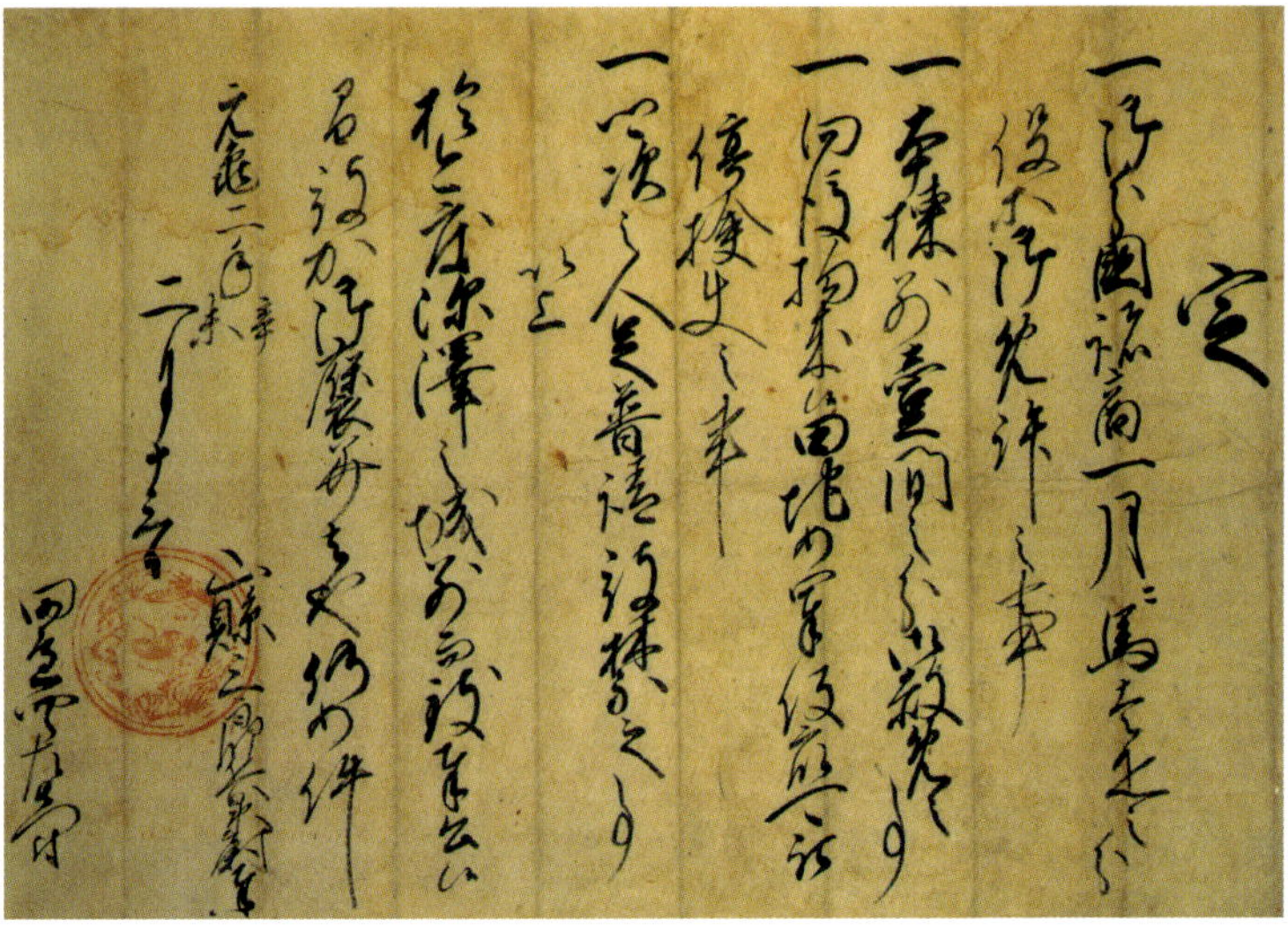

図63 ● 黒川金山の金山衆へ褒美の武田氏朱印状
中山の金山衆とは褒美の内容が異なる。追認状は家康の武田家家臣の人脈掌握の具ともいわれる。

湯之奥金山では、一五八三年（天正一一）三月一四日に、河内領の領主穴山勝千代が中山の金山衆・河口六左衛門尉にあて、前々よりの判形にまかせ、棟別諸役弐軒分ならびに掘間とも免許する、という朱印状を発給している。穴山氏は、信玄の娘を信君（梅雪）の妻にむかえたように武田氏の一族であったが、織田・徳川軍との戦闘では、織田側についた。

以上みてきた半世紀は、甲斐国では、武田信虎追放・晴信（後の信玄）国主（一五四一年）にはじまり、武田信玄病没（一五七三年）、武田勝頼自刃・武田氏滅亡（一五八二年）という、まさに戦国の激動期にあたる時代だった。この間にあっても、湯之奥金山における産金活動はつづけられてきた。ある意味では守られてきたともいえるが、金山衆という集団は、領主につかず離れずといった関係を、絶妙なタイミングで切り抜けてきたものといえる。

徳川幕府と掘間の繁栄

そして、徳川家康によって幕府が開かれる前年の一六

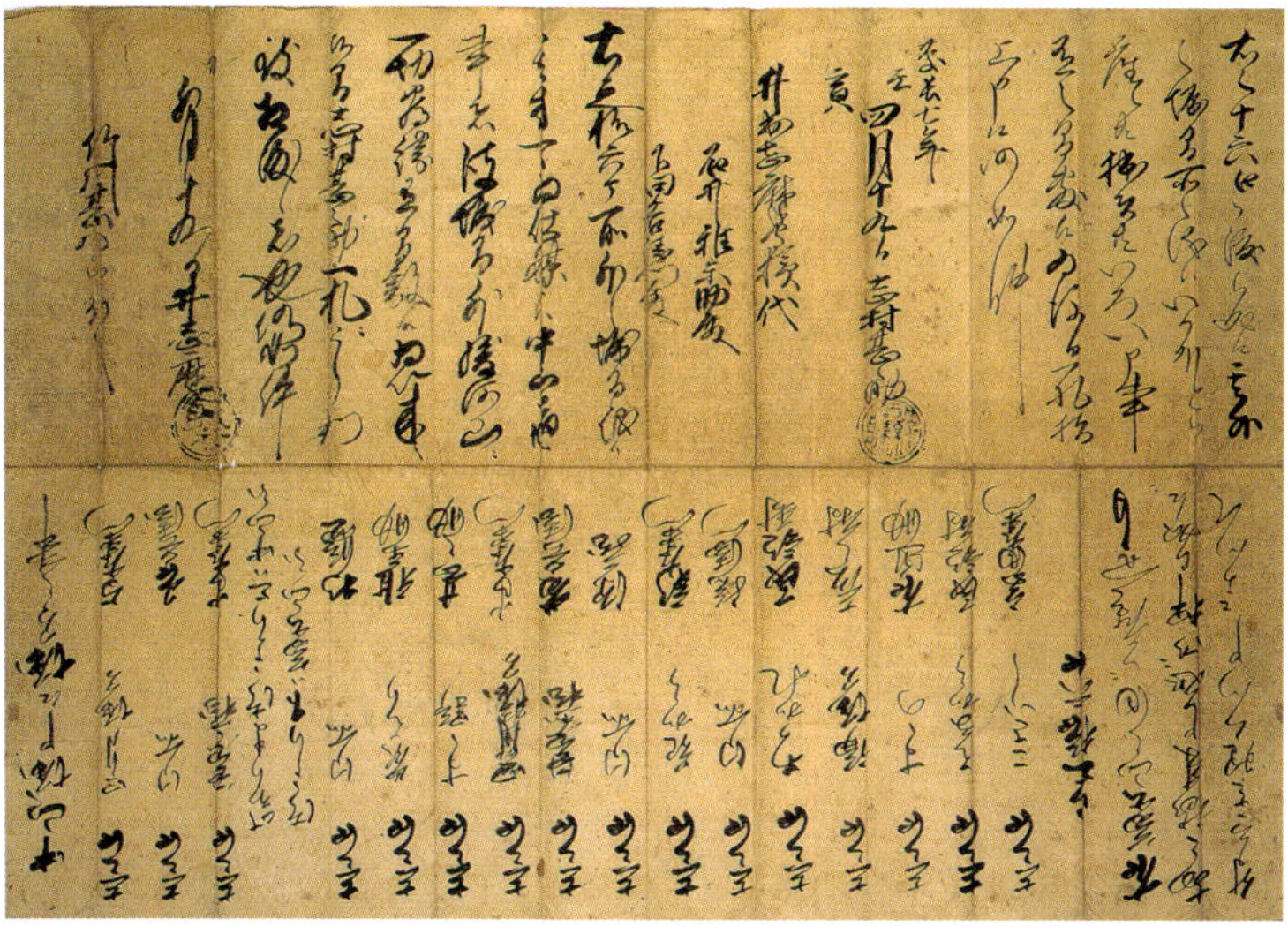

図64●駿河代官井出正次手形
1602年、中山の間歩と間歩主が確認され、その管理を竹河甚八に命じている。

〇二年（慶長七）、駿河代官井出正次は麓の竹河氏に、中山金山おける間歩と間歩主の確認をさせ掘間の管轄を命じた（図64）。こうして湯之奥金山は徳川幕府の体制のなかに組み込まれていったのである。

その後、湯之奥村名主門西家の文書に金山が登場する。一六五〇年（慶安三）に内山金山の「間歩」の権利をめぐり、内山の市郎右衛門らは中山金山の武兵衛らと争ったり、一六八六年（貞享三）のいわゆる「金山退転文書」（図65）では、一六六五年（寛文五）以前は間歩が盛んであったという記述がみられる。

これらの文書は、一七世紀なかごろまで、湯之奥金山では産金が盛んにおこなわれていた様子を伝える。第2章でみた、中山金山のテラスにたたずむ石造物も、この時期に建てられたものが多く、鉱山の活況を反映しているといえる。

湯之奥金山の衰退

さて、いわゆる「金山退転文書」は、一六八六年（貞享

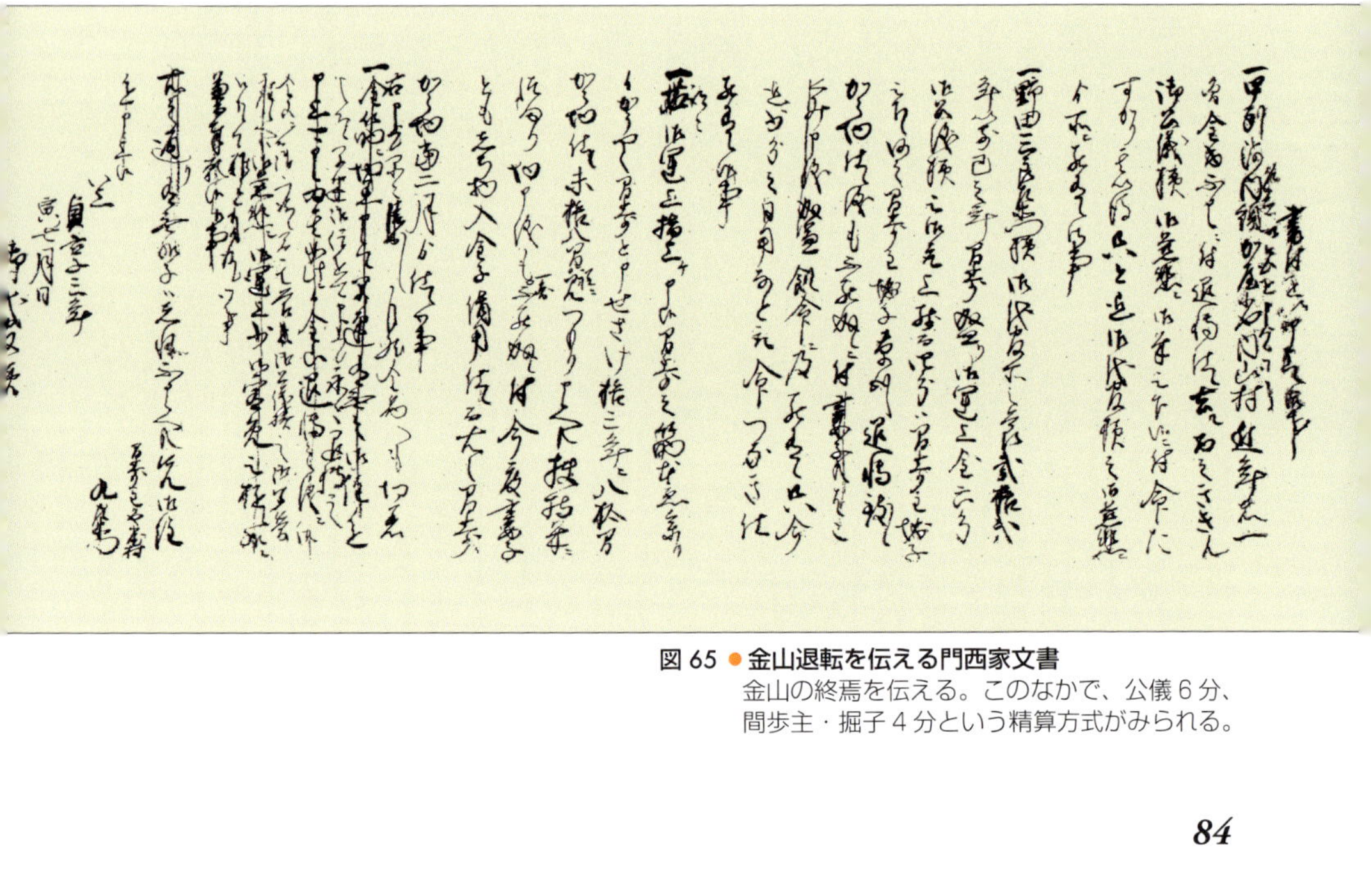

図 65 ● 金山退転を伝える門西家文書
金山の終焉を伝える。このなかで、公儀6分、間歩主・掘子4分という精算方式がみられる。

三）七月、茅小屋村の間歩主九左衛門が代官にあてた文書である。文書の内容は、近年河内領の茅小屋、内山村において金が採れなくなり、間歩主も掘子も草臥れたので退転したい、ということであった。

この時代、「湯之奥三千軒」とか「中山千軒」などといわれ、栄えてきた中山村、内山村、茅小屋村も、一六五〇年（慶安三）の河内内山村、一六八六年（貞享三）の茅小屋村、一六九二年（元禄五）の中山村、一六九六（元禄九）の河内領常葉萱小屋村を最後に、門西家文書から村名は消えてしまう。

金山村がなくなり、その麓にあった湯之奥村が三つの金山村一帯を包括したため、その後の金山については湯之奥村名主の門西家がかかわることになり（図66）、金山の名称もやがて「湯之奥金山」といわれるようになっていった。そして一七〇〇年以降、「問掘り」（＝試掘）の時代を迎える。江戸期をつうじて何度も問掘りの記録がみられるが、かつての繁栄をとりもどすことはなかった。

図66 ● 現在の湯之奥集落
湯之奥は山に生きる民の集落だったが、1650年以降、金山衆の退転や、その後の問掘り時代に巻き込まれていく。

金山衆はどこへ

こうして湯之奥金山の歴史は幕をとじることになる。山を下りた金山衆はその後どうなったのだろうか。

湯之奥金山の金山衆については、一六五四年（承応三）の板碑型石塔を茅小屋金山に残した大田八左衛門家は下部へ下ったが、多くは駿河国富士郡へ帰っていったとみられる。今回ふれることができなかったが、湯之奥金山では重要な四通の判物証文写（80ページ、図61＊印）を駿河国富士郡大宮北山村の市郎右衛門が所有していた。

一方、黒川金山の終焉は湯之奥金山よりも早く、一五七七年（天正五）に、産金がないため諸役免除の印判状が金山衆宛に発給されたころ、黒川の金山衆は丹波山金山へ移動をはじめたとみられる。一六一八年（元和四）〜三二年（寛永九）には、丹波山舟越と丹波山の金掘りが日本の三大奇矯といわれる猿橋（大月市猿橋）の掛け替え工事に参加、一六三四（寛永一一）には上ノ原村の用水工事に参加している。また一六四〇（寛永一七）には、黒川出身の永田茂右衛門が常陸国町屋に居住、水戸領内において鉱山開発、用水工事に活躍している。

さらに、黒川の金掘りが幕府に羽前（山形）延沢または秩父（埼玉）股の沢金山の採掘許可を求める動きがあるなど、甲斐国内から積極的に国外へ出ていこうとする動きがうかがえる。黒川型の挽き臼が全国に分布する（55ページ、図43参照）のも、それが映し出されたともいえる。ただし黒川型は機能的に優れており、自然発生的に出現した可能性も残すが、いづれにせよ金山衆は、鉱山の技術を生かして土木工事に従事したり、ほかの鉱山へと移っていった。

第５章　甲州で誕生した貨幣制度

信玄時代の蛭藻金・碁石金

武田氏最大版図内の諸金山のうち、戦国時代から開発された金山は二〇カ所以上におよぶ。しかしながら、それらの金山からの産金量を記録した史料はなく、甲州金の総生産量は推定すらできていない。だが、産金された金の分配率については、ご公儀六、間歩主・掘り子四ということが、さきにみた「金山退転文書」（84ページ、図65）にみられるところから、領内金山から領主に集められた金は、かなりの量になったことが予測できる。

そして、領国内で産金された「甲州金」があればこそ、武田信玄は蛭藻金《ひるもきん》（図67）や碁石金（50ページ、図40参照）をつくり、貨幣としてではなく報償や社寺への奉納に使っていた。信玄・勝頼の事績・軍法を伝える『甲陽軍鑑《こうようぐんかん》』（江戸初期成立）には、当座の褒美として碁石金を信玄自身の手で、三すくいほど河原村伝兵衛に下した、という記述がみられる。

蛭藻金とは、鍛造してできた金を叩いて薄く、細長く成形したもので、その形状から「譲葉《ゆずりは》金《きん》」「厚延金《あつのべきん》」ともよばれている。武田氏最大版図内における代表的な出土例は、諏訪大社下社秋宮出土の蛭藻金一一点、碁石金三一点、金製刀装具三点と、笛吹市勝沼町上岩崎の蛭藻金二点、碁石金一六点があげられる。

また蛭藻金には表面に「上」と陰刻される例が多いため、「上字金」とか「上字判金」ともよばれたりする。「上」という字は「奉る」とか「差し上げる」という意味をもつところから、献上金という意味がある。

甲州金にはじまる慶長小判

諏訪大社の碁石金三一個の量目（目方）は一三・五八～一六・四五グラムで、平均が一四・四七グラムである。約一五グラムだ。この「一五グラム」がカギとなる。

この蛭藻金と碁石金、量目にはつぎのような関係がある。

一番大きな蛭藻金（図67）は七五・三三グラムで、一五グラムの約五倍、二番目が六二・七八グラムで約四倍、三番目が二七・四一グラムで約二倍、ほかは一三・一八グラム～一七・六一グラムで平均一五・〇二グラムとなる。

永井久美男は、徳川家康が統一貨幣として鍛造した慶長小判は、甲州金の碁石金からはじまり、それが蛭藻金のような判金に変化し、慶長小判になったと考えている。

すなわち、慶長小判は一六〇一（慶長六）から鍛造され、その規定量目は一七・八五グラム（四匁七分六厘）、品位は金八四・二九パーセント、銀一五・七一パーセントで、結果、慶長小判の金使用量は一五・〇五グラム（約四匁）になる、と指摘する。

これは信玄や信長の時代に金一両＝金四匁ないし四匁二分（田舎目）で、それが定額貨幣ではないかと考えている。

諏訪大社の碁石金には表面を削った痕跡があるものがある（50ページ、図40右下）。それは量目を合わせるためで、貨幣への萌芽があったといえる。

貨幣としての露壱両判の登場

甲州金は日本ではじめて制度化された計数貨幣で（図68）、武田氏滅亡からおよそ一四年後にはじまったとみられ、甲斐国で流通した地方貨幣であった。

図68のように、「壱両判」＝4「壱

〔表面〕　〔裏面〕

図 67 ● 蛭藻金（実物大）
諏訪大社下社秋宮出土。信玄の時代につくられ、奉納されたと思われる。
量目は 75.33g で、碁石金の約５倍。表面に「上」の陰刻がみられる。

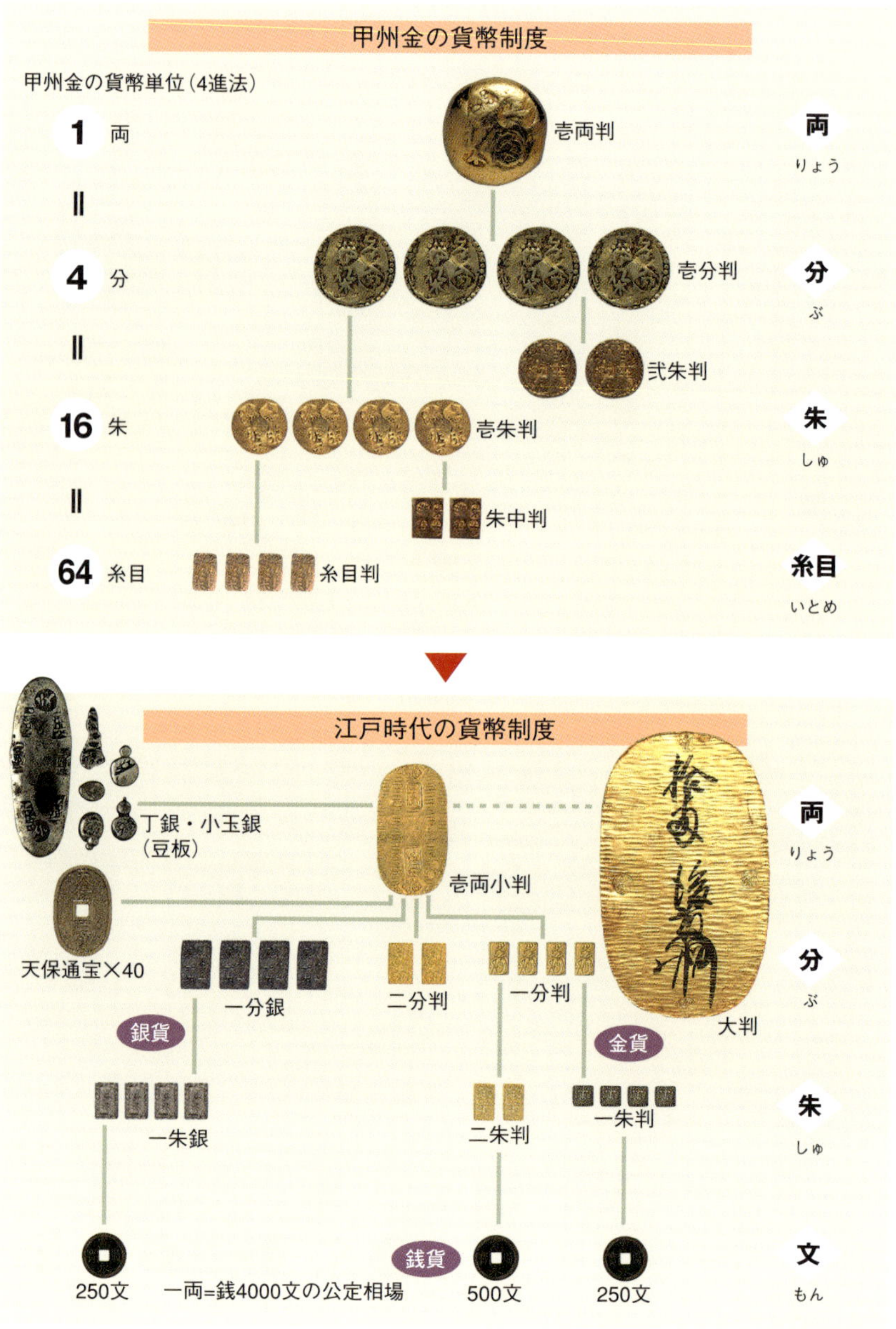

図 68 ● 甲州金の貨幣制度と江戸時代の貨幣制度

分判」＝16「壱朱判」＝64「糸目判」という四進法の貨幣制度で、前述のように、一両＝一五グラム（四匁）の量目をつくっており、その原型は信玄の時代の碁石金（50ページ、図40）に起源があったことがわかる。この貨幣制度が江戸時代の貨幣制度へと継承されていく。

背後にある人的継承

貨幣制度の継承の背後には、人的な継承も考えられる。甲斐金山は一七世紀末には衰退していくが、日本列島全体ではこのころから金銀山が飛躍的に発展していく。そのなかで甲斐出身者が活躍しはじめていく。

徳川家康は一六〇〇年（慶長五）の関が原の戦いに勝利すると、石見（島根県）、生野（兵庫県）の銀山、佐渡（新潟県）、伊豆（静岡県）の金山を直轄地として治め、武田氏猿楽衆の一人、大蔵太夫の子・大久保長安を金山奉行として起用する。長安もその期待に十分応え、これら金銀山の繁栄に貢献する。また佐渡相川金山においては、味方但馬のもとで笛吹市春日居町鎮目出身の鎮目市左衛門が奉行をつとめるが、その後も甲斐国出身者の活躍がめだつ。その背景には彼らにしたがった鉱山技術者の存在が十分考えられる。

一六世紀の戦国期に甲斐国で培われた山金採掘の鉱山技術が、つぎの一七世紀に花開いても何ら不思議でない。それを実証する鉱山道具などの考古資料も新たに発見され、考古学者による分析がはじまっている。

参考文献

湯之奥金山遺跡学術調査団編『湯之奥金山遺跡の研究』一九九二
黒川金山遺跡研究会他編『甲斐黒川金山』一九九七
葉賀七三男「湯之奥金山」『資源・素材学会誌』一〇六、No.6　一九九〇
今村啓爾「鉱山臼からみた中・近世貴金属鉱業の技術系統」『東京大学文学部考古学研究室研究紀要』第九号　一九九〇
萩原三雄「東国の金山」『戦国時代の考古学』高志書院　二〇〇三
萩原三雄「鉱山臼研究の新展開」『山梨文化財研究所報』三九
佐藤俊作「相川浜石」『会報』八
谷口一夫「『金山遺跡にみる鉱山道具』考」『山梨県考古学論集』Ⅴ　二〇〇四
笹本正治「武田氏と金山古文書から見た金山衆」『金山史研究』第一集　二〇〇〇
井澤英二「戦国期金山衆の自然理解」『金山史研究』第六集　二〇〇六
西脇　康「近世金貨の時代来たる」『金山史研究』第四集　二〇〇三
永井久美男「甲州金から慶長小判へ」『金山史研究』第四集　二〇〇三

写真・図版所蔵

図4・19：帝京大学山梨文化財研究所
図40・67：『金山史研究』第四集（永井附図）
図44：葛飾区教育委員会
図10・11・13・14・15・20・23・30：『湯之奥金山遺跡の研究』
上記以外は、甲斐黒金村・湯之奥金山博物館

編集協力

小松美鈴（甲斐黄金村・湯之奥金山博物館学芸員）

第3刷にあたって

甲斐黄金村・湯之奥金山博物館
学芸員　小松美鈴

本書著者の初代館長・故谷口一夫先生が牽引された湯之奥金山遺跡総合学術調査と金山史解明に注いだ熱意は、わが国の鉱山史研究を発展させる基礎となりました。当館では谷口先生の志を継ぎ調査研究活動を進め、新たな歴史的事実や修正点が明らかになってきています。そこで必要最小限ではありますが、以下の点に留意してご通覧いただきたく存じます。

【露天掘り】について

本書では、採掘方法について「露天掘り」と表記されていますが、近年「露頭掘」とあらためられています。露頭掘とは、地表面に露出した鉱脈（ヒ）の「露頭」部を目安に、富鉱帯を溝状もしくは竪穴状に掘る方法ですが、鉱山開発の初期段階はおもに露頭掘がおこなわれました。採掘跡の形状によって「竪穴掘」「溝掘」「壁面掘」「階段掘」など呼び分けられてれます。江戸時代初期以降になると地下を採掘する「坑道」が主流となり、露頭を掘り尽くした後には、地中の富鉱帯を求め「坑道掘」で掘り進みました。

【鉱山臼（挽き臼）】について

臼は、粉成対象物や用途・目的によって臼そのものの外観や形状が異なります。鉱山で使用された臼全般のことは「鉱山臼」、鉱山で使用された回転式挽き臼のことは「金挽臼」と総称します。鉱山臼について、定形型挽き臼の回転補助具は「リンズ」ではなく「輪カネ」であることが明らかとなりました。本書内の「リンズ式定型型挽き臼」は「定形型挽き臼」と修正しました。

【灰吹】について

粉成作業で鉱石から分離した金の最終工程として「灰吹法」を解説してありますが、湯之奥金山に代表される甲斐金山の鉱石は金の純度が高いため、灰吹法ではなく、火を当てて溶かす「吹き熔かし」による溶解作業で塊状の金粒にしたことがわかってきました。そのままの形状で流通したのが甲州金の前身である碁石金と考えられます。

甲斐黄金村・湯之奥金山博物館

・山梨県南巨摩郡身延町
上之平１７８７番地先
・電話　０５５６（３６）００１５
・開館時間　９：00～17：00（受付は16：30まで）
・休館日　水曜日（祝日の場合はその翌平日）、年末年始５日間
・展示観覧料　大人５００円、中学生４００円、小学生３００円
・交通　ＪＲ身延線・下部温泉駅徒歩3分。車で中央自動車道・甲府南ICから市川大門線経由40分、中部横断自動車道・下部温泉早川ICから7分。

湯之奥金山遺跡からの出土品をはじめ、映像シアター・ジオラマ模型などによって、戦国期山金山の鉱山作業や生活の様子をわかりやすく紹介している。甲州金展示数は日本一、自然金マップも必見。比重選鉱を実体験できる「砂金採り体験室」は世代不問の人気レジャー（1体験30分、観覧料とは別途料金）。

↑詳しい情報は
コチラから

遺跡には感動がある

――シリーズ「遺跡を学ぶ」刊行にあたって――

「遺跡には感動がある」。これが本企画のキーワードです。

あらためていうまでもなく、専門の研究者にとっては遺跡の発掘こそ考古学の基礎をなす基本的な手段です。また、はじめて考古学を学ぶ若い学生や一般の人びとにとって「遺跡は教室」です。

日本考古学では、もうかなり長期間にわたって、発掘・発見ブームが続いています。そして、毎年厖大な数の発掘調査報告書が、主として開発のための事前発掘を担当する埋蔵文化財行政機関や地方自治体などによって刊行されています。そこには専門研究者でさえ完全には把握できないほどの情報や記録が満ちあふれています。しかし、その遺跡の発掘によってどんな学問的成果が得られたのか、その遺跡やそこから出た文化財が古い時代の歴史を知るためにいかなる意義をもつのかなどといった点を、莫大な記述・記録の中から読みとることははなはだ困難です。ましてや、考古学に関心をもつ一般の社会人にとっては、刊行部数が少なく、数があっても高価なその報告書を手にすることすら、ほとんど困難といってよい状況です。

いま日本考古学は過多ともいえる資料と情報量の中で、考古学とはどんな学問か、また遺跡の発掘から何を求め、何を明らかにすべきかといった「哲学」と「指針」が必要な時期にいたっていると認識します。

本企画は「遺跡には感動がある」をキーワードとして、発掘の原点から考古学の本質を問い続ける試みとして、日本考古学が存続する限り、永く継続すべき企画と決意しています。いまや、考古学にすべての人びとの感動を引きつけることが、日本考古学の存立基盤を固めるために、欠かせない努力目標の一つです。必ずや研究者のみならず、多くの市民の共感をいただけるものと信じて疑いません。

二〇〇四年一月

戸沢充則

著者紹介

谷口一夫（たにぐち・かずお）

1938年、神奈川県横浜市生まれ。

明治大学文学部史学地理学科考古学専攻卒業。

元甲斐黄金村・湯之奥金山博物館館長。

2016年、逝去。

おもな著作 「『時代区分』考・序論Ⅰ、Ⅱ」『帝京大学山梨文化財研究所研究報告』第1、3集、「歴史学と歴史史料―史学史的にみた歴史史料―」『帝京大学山梨文化財研究所研究報告』第5集、「『金山遺跡にみる鉱山道具』考」『山梨県考古学論集』Ⅴほか。


シリーズ「遺跡を学ぶ」039

武田軍団を支えた甲州金　湯之奥金山《ゆのおくきんざん》

2007年 9月 15日　第1版第1刷発行
2024年 5月 25日　第1版第3刷発行

著　者＝谷口一夫

発　行＝新 泉 社

東京都文京区湯島1－2－5　聖堂前ビル
TEL 03（5296）9620 ／ FAX 03（5296）9621
印刷／萩原印刷　製本／榎本製本

ISBN978－4－7877－0739－0　C1021

シリーズ「遺跡を学ぶ」

02
天下布武の城　安土城
木戸雅寿　1500円＋税
織田信長が建てた特異な城として、いくたの小説や映画・TVドラマで描かれてきた安土城。近年の考古学的発掘調査により、通説には多くの誤りがあることがわかった。安土城の真実の姿を考古学的調査から具体的に明らかにし、安土城築城の歴史的意義をさぐる。

43
天下統一の城　大坂城〔改訂版〕
中村博司　1700円＋税
大坂本願寺から秀吉・秀頼二代の栄華の舞台であった大坂城。徳川将軍家の別邸として再築された大坂城。――戦乱の世から江戸時代の幕開け、そして江戸から明治へという時代の大きな転換点に立ち会い、歴史の流れと運命をともにした大坂城四〇〇年の歴史をたどる。

57
東京下町に眠る戦国の城　葛西城
谷口榮　1500円＋税
東京の下町、葛飾区青戸にかつて戦国の城があった。上杉氏によって築かれ、小田原北条氏が攻略し、長尾景虎（上杉謙信）の侵攻、北条の再奪取、秀吉の小田原征伐による落城と幾多の攻防がくり広げられた。関東における戦乱の最前線となった葛西城の実態にせまる。

90
銀鉱山王国　石見銀山
遠藤浩巳　1500円＋税
戦国時代から江戸幕府成立にいたる一六～一七世紀、石見銀山が産出した大量の銀は中国、東アジアへと広く流通し、当時ヨーロッパで描かれた地図にも「銀鉱山王国」と記された。「石銀（いしがね）千軒」とよばれるほど栄えた鉱山町を発掘調査が明らかにする。

132
戦国・江戸時代を支えた石　小田原の石切と生産遺跡
佐々木健策　1600円＋税
戦国時代、小田原では箱根火山が生んだ石材を用いて石塔や石臼などの石製品がつくられた。そして江戸時代になると江戸城の石垣に使用する石材が切り出された。石という素材を通じ、中世から近世へという歴史の大きな転換点を支えた石切（石工）の生産活動を明らかにする。